홈메이드 영양바 레시피 42

한손, 한끼

김경오 지음

영진미디어

홈메이드 영양바 레시피 42

한손, 한끼

김경오 지음

영진미디어

"

이 책에 담긴 레시피로 요리하는 모든 분들,
그리고 그것을 드시는 모든 분들께
행복과 웃음, 그리고 건강을 전하고 싶습니다

"

어느 가을 늦은 오후, 중년의 한 여성분이 저희 가게를 찾으셨습니다.
그분은 한참 동안 진열된 빵들을 물끄러미 바라보시더니 단팥빵 몇 개를 바구니에 담으시고
저에게 속삭이듯 말씀하셨습니다.
"이 빵이 그렇게 맛있었나 봅니다."
"손님, 무슨 말씀이신지요…?"
중년의 여성분은 깊은 한숨을 쉬시며 제게 말했습니다.
"애 아빠가 납골당에 안치된 지 오늘로 일주일이네요…"
암 투병으로 오랫동안 병상에 누워있던 남편이 눈을 감기 전, 제가 만든 단팥빵을 그렇게나
맛있게 드셨다고 했습니다. 바로 오늘이 남편을 만나러 가는 날이라 마침 저희 가게에
들러 단팥빵을 사가시려는 것이었습니다. 남편이 이 빵을 맛있게 먹던 모습이 눈에
선하다며, 이제 남편에게 이것밖에 줄 것이 없다면서 말입니다.

20여 년간 수많은 빵을 만들어 왔던 지난 날들을 되돌아보게 되었습니다.
너무 앞만 보고 달려온 것은 아닌지, 제가 만든 빵을 드시는 모든 분들에 대한
감사의 마음을 항상 기억하고 있었는지를 말이죠.
이 책에 담긴 레시피로 요리하는 모든 분들, 그리고 그것을 드시는 모든 분들께 행복과 웃음,
그리고 건강을 전하고 싶습니다. 자라나는 아이들을 위해 집에서 만든
엄마의 음식처럼, 사랑하는 연인을 위해 만든 달콤한 초콜릿처럼, 사랑과 정성이 깃든
42가지 건강한 레시피를 이 책에 담았습니다. 견과류와 곡물, 건과일을 이용해
만드는 쉽고 간편한, 그러나 건강하고 과학적인 영양바 레시피가 독자 여러분들의
식탁을 통해 전달되기를 바랍니다

- 2013. 3월에 김경오

Contens

● Part. 1

바쁜 현대인을 위한 한 끼 식사
영양만점 에너지바

• Part.2

격렬한 레저를 즐기는
운동 마니아를 위한

힘이 불끈! 칼로리바

• Part.3

깔끔함을 좋아하는
여자들의 디저트

아삭~바삭 비스코티

• Part.4

성장기
아이들을 위한

두뇌 건강 영양바

"한 손, 한 끼: 홈메이드 영양바 레시피 42"는

- **집에서 만들 수 있는 모든 종류의 영양바를 담았습니다**

  9가지 기본 과정으로 만들 수 있는 42개의 영양바 레시피를 담았습니다.
  본 책에 제시된 레시피 이외에도 취향에 따라, 기호에 따라
  기본 반죽에 토핑 재료만 달리해 나만의 영양바를 만들 수 있습니다.

- **언제 어디서나 간편하게 휴대할 수 있습니다**

  여러 개를 한꺼번에 만들어 냉장고나 냉동실에 보관해 하나씩
  꺼내 먹을 수 있는, 일반 베이커리보다 보관기간이 긴 레시피를 담았습니다.
  체중감량 중인 다이어터의 주머니 속에, 등산가의 배낭 속에,
  직장인의 핸드백 속에 가지고 다니며 언제 어디서나 간편하게 휴대해
  먹을 수 있는 바bar 형태, 또는 한 입 크기의 영양바 레시피를 선사합니다.

- **남녀노소 누구나 쉽고 빠르게 만들 수 있습니다**

  여러 번 반죽하고, 거품 내고, 섞는 복잡한 과정을 생략한,
  최소한의 시간과 과정으로 만들 수 있는 맛있는 레시피를 담았습니다.
  자세한 과정 사진으로 초보자도 손쉽게 따라 할 수 있습니다.

- **300kcal 이하의 저칼로리 레시피를 제안합니다**

  견과류와 곡물, 과일을 주재료로 이용해 만드는 300kcal 이하의
  저칼로리 레시피를 담았습니다. 유기농 설탕과 밀가루,
  최소한의 버터를 사용한 레시피로 건강을 생각해 만들었습니다.

한 손, 한 끼
활용하는 법

소요시간 반죽시간, 숙성시간을 포함한 총 소요되는 시간을 나타냅니다.

총 개수 제시된 재료로 만들 수 있는 총 개수를 나타냅니다.

칼로리 한 끼 분량(괄호안의 개수)의 칼로리를 나타냅니다. 공산품의 경우, 같은 재료라도 약간의 칼로리 차이가 있으니 참고하세요.

Tip 각 조리 과정에서 알아두면 좋은 정보를 담았습니다.

토핑 제시된 재료 외에도 취향에 따라, 기호에 따라 토핑 재료를 달리해 나만의 영양바를 만들 수 있습니다.

조리 과정 조리 과정이 사진으로 제시된 경우 진한 숫자로 표시해 보기 쉽게 구성했습니다.

난이도 본 책의 레시피는 모두 초보자가 만들 수 있는 쉬운 난이도입니다.
- 별 한 개(★)는 조리 과정이 간단하고 소요시간도 짧은 레시피를,
- 별 두 개(★★)는 조리 과정은 간단하고 소요시간은 긴 레시피를,
- 별 세 개(★★★)는 조리 과정이 비교적 복잡하고 소요시간도 긴 레시피를 나타냅니다.

한 손, 한 끼
주재료 소개

아몬드

비타민E의 함유량이 100g당 약 24mg으로, 견과류 중 비타민E 함유량이 단연 으뜸인 아몬드(호두는 약 0.7mg)는 성인병을 예방하고 노화를 지연시키는 효과가 뛰어나요. 또한 아몬드는 다량의 식이섬유를 함유하고 있어 배변활동을 활발하게 하는 역할을 하고, 껍질에 함유되어 있는 플라보노이드^{flavonoid}는 항균, 항암, 항바이러스, 항염증 작용 및 체내 산화 작용을 억제하는 효과도 있어요. 게다가 아몬드는 탄수화물 함유량이 매우 낮은 식품이라 체중조절에 효과적이고, 당뇨병 환자의 간식으로도 매우 좋은 식품이에요.

찹쌀은 멥쌀(일반 쌀)보다 찰져 소화 기능이 약한 아동, 노인, 환자가 섭취하면 좋은, 위를 편하게 해주는 대표적인 곡류에요. 이는 찹쌀의 주성분인 전분이 아밀로펙틴^{amylopectin} 구조로 되어있어 소화와 흡수가 양호하기 때문이에요.

찹쌀

헤이즐넛

헤이즐넛에는 단백질과 불포화지방, 비타민E, 식이섬유가 다량 함유되어 있어 배변활동을 증가시키고 콜레스테롤 수치를 저하시키는 효능이 있어요. 엽산 또한 풍부하게 함유되어 있기 때문에 임신부의 엽산 보충제로 이용되기도 해요.

피칸은 불포화지방, 비타민E 이외에도 뇌신경을 안정시키는 칼슘과 신경계 건강에 관여하는 비타민B군의 함량이 높아, 칼슘이 부족한 노인과 신경계 질환이 있는 환자들에게 좋은 식품이에요.

피칸

블루베리

타임지가 선정한 '10대 슈퍼푸드' 중 하나인 블루베리는 당근이나 사과의 5배에 달하는 항산화 성분이 함유되어 있어요. 때문에 혈중 항산화 수치를 높여 심혈관계 질환과 당뇨, 암, 백내장 예방에 도움을 주지요. 또한 블루베리에 함유된 비타민 A는 시력 개선에 좋고, 비타민 C·E는 뇌 기능을 향상시키는데 효과가 있어 기억력 향상과 치매 예방에도 좋아요.

피스타치오에는 비타민E, 불포화지방, 칼륨이 함유되어 있어요. 뿐만 아니라 아몬드와 함께 다량의 식이섬유소를 포함하고 있는 저탄수화물 식품이라 체중조절에 효과적이고 당뇨병 환자의 간식으로도 좋은 식품이에요.

피스타치오

현미

양질의 단백질과 지방질, 식이섬유, 각종 비타민이 풍부한 현미는 벼에서 겉껍질인 왕겨만을 제거한 것으로, 백미에 비해 소화성은 떨어지지만 저장성이 좋고, 백미보다 약 19배 많은 미량 영양소가 함유되어 있어요. 현미에 함유된 섬유소는 음 식물의 콜레스테롤과 당분이 혈액에 흡수되는 속도를 늦춰주는 효능이 있어 당뇨병 환자들의 식단에 꼭 포함되는 식품일 뿐만 아니라, 체중감량에도 도움을 주어요. 이는 현미에 함유된 양질의 식이섬유소가 배변활동을 돕고 포만감을 증가시킬 뿐 아니라, 현미에 함유된 비타민B1의 작용으로 탄수화물을 40~50% 연소시키는 효과가 있어 체지방 축적을 감소시키는 역할을 하기 때문이에요.

호두

불포화지방의 함량이 70% 이상을 이루는 호두는, 리놀렌산과 오메가3 지방산이 풍부해 동맥경화 등 심혈관계 질환에 좋아요. 또한 호두는 두뇌 발달을 높이고 당뇨병 합병증 위험을 낮추며, 간과 신장 기능을 강화하는 효능도 있어요.

호밀은 밀보다 탄력성이 부족하지만 양질의 탄수화물, 단백질, 칼륨, 비타민B를 풍부하게 함유하고 있는 곡물이에요. 호밀에 함유된 다량의 식이섬유소는 적은 양으로도 포만감을 주기 때문에 체중조절용 식품으로 이용될 뿐만 아니라, 배변활동을 도와 변비를 예방하는데 으뜸이에요.

호밀 가루

흑보리

보리는 현미와 함께 당뇨병 환자에게 좋은 식품으로 알려져 있어요. 이는 보리의 식이섬유소인 베타글루칸$^{β\text{-}glucan}$이 혈중 지질 수치를 낮추어 혈당조절에도 도움을 주기 때문이에요. 또한 보리는 말초신경 활동을 향상시키며, 위를 온화하게 하고 오장(간장, 비장, 심장, 폐장, 신장)을 튼튼하게 하는 기능도 있어요.

열매의 약 90%가 과육으로 이루어져 있고, 비타민A가 풍부하게 함유된 살구는 당분이 적고 유기산 함량이 많아 가공용으로 많이 쓰여요. 진해, 거담 효능이 뛰어나 민간에서는 해소, 천식, 기관지염, 급성간염 등에 약으로 쓰기도 해요. 또한 살구는 주근깨, 기미를 감소시키는 효과도 있어 피부미용에 좋고, 최근에는 항암 작용을 하는 성분이 발견되어 항암식품으로도 각광받고 있어요.

살구

크랜베리

크랜베리는 천연 보존제 역할을 하는 벤조산을 풍부하게 함유하고 있어, 몇 달을 보관해도 과실이 잘 상하지 않아요. 또한 박테리아가 체내에 부착되는 것을 막아주는 효과가 있고 치주병, 위궤양 등을 치료하는데 탁월해요. 크랜베리에 함유된 안토시아닌 색소는 야맹증, 간 기능, 시력을 개선하는 데에도 효과가 있어요.

캐슈넛은 비타민E, 비타민K, 불포화지방산, 판토텐산, 셀레늄을 풍부하게 함유하고 있어 신체 조직의 노화와 변성을 막고, 산화 작용을 억제하는 효능이 있어요. 하지만 다른 견과류에 비해 포화지방의 함량이 조금 더 높은 편이기 때문에, 단독으로 과량 섭취하기 보다는 다른 견과류와 섞어 하루 적정량(약28g)을 섭취하는 것이 좋아요.

캐슈넛

무화과

무화과는 저장기간이 짧아 건조시켜 보관해야 오래 사용할 수 있어요. 무화과에는 암 치료에 효능이 있는 벤즈알데히드^{benzaldehyde}가 들어있고, 섬유질과 단백질이 풍부한 알칼리성 식품이기 때문에 고대 이집트와 로마, 이스라엘에서 암, 간장병 등을 치료하는데 쓰였다고 해요. 민간에서는 소화불량, 변비, 설사, 각혈, 신경통, 피부 질환, 빈혈, 부인병 등을 치료하는데 탁월해 약으로 쓰이기도 해요. 또한 무화과의 흰 유즙 속에는 단백질 분해효소인 피신^{ficin}이 다량 함유되어 있어, 단백질을 연화시키는 작용을 하기 때문에 육류 요리에 사용하면 좋아요.

견과류 로스팅,
곡물 볶는 법

견과류 로스팅

껍질을 제거하지 않은 생 견과류는 일반적으로 열처리나 가공처리가 되지 않은 채 판매되기 때문에 견과류에 포함된 풍부한 영양소 100%를 그대로 흡수할 수 있어요. 하지만 견과류 특유의 생 비린내가 나기 때문에 식감이 떨어지는 경향이 있지요. 이런 경우, 견과류를 낮은 불에 살짝 구우면 비린내가 사라지고 식감도 좋아져 견과류를 더욱 맛있게 섭취할 수 있어요. 하지만 견과류를 고온에서 장시간 가열할 경우, 몸에 좋은 영양소가 파괴될 수 있기 때문에 오븐에 굽는 요리에 사용되는 생 견과류는 따로 로스팅을 하지 않은 채로, 직접 섭취하는 생 견과류는 낮은 불에 단시간 구워 섭취하는 것이 가장 좋아요. 오른쪽과 같은 방법을 이용하면 집에서도 손쉽게 바삭하고 고소한 견과류를 만들 수 있어요. 본 책의 Part 1, Part 4, Part 8에 생 견과류를 사용할 경우, 오른쪽과 같은 방법으로 로스팅한 후 사용해야 비린 맛이 없고 바삭한 식감을 느낄 수 있어요.

— 오븐에 로스팅 하는 방법
01- 견과류를 흐르는 물에 깨끗하게 씻는다.
02- 체에 받쳐 물기를 제거한 후 건조시킨다.
03- 100℃로 예열된 오븐에서 25분간
　　(또는 145℃로 예열된 오븐에서 10분간) 굽는다.

— 팬에 굽는 방법
01- 견과류를 흐르는 물에 깨끗하게 씻는다.
02- 체에 받쳐 물기를 제거한 후 완전히
　　건조시킨다.
03- 두꺼운 팬에서 약한 불로 약 12분간 타지
　　않게 저으면서 로스팅 한다.

곡물 볶기

곡물을 팬에 볶아 살짝 부풀게 만들어 요리에 사용하면 씹을 때 부드럽고 고소함도 더 잘 느낄 수 있어요. 곡물의 물기를 완전히 제거하면 볶을 때 튀어 오를 수 있기 때문에 물기가 살짝 남아 있는 상태에서 볶는 것이 좋아요. 요리의 종류에 따라, 취향에 따라 볶는 시간을 조절할 수 있는데 오래 볶을수록 뻥튀기에 가까운 형태가 되기 때문에 부드러운 식감을 느낄 수 있어요. 본 책의 Part 1 에너지바에 사용되는 곡물은 오른쪽과 같은 방법으로 볶아야 가장 알맞은 형태로 완성되니 참고하세요.

— 곡물 볶는 방법
01- 곡물을 물로 가볍게 씻어준 후, 체에
　　받쳐 물기를 뺀다.
02- 두꺼운 팬에서 약한 불로 약 10분간
　　타지 않게 저으면서 볶는다.
03- 원래 곡물 크기의 약 1.5배 정도로
　　부풀면 완성이다.

Part. 1

바쁜 현대인을 위한 한 끼 식사
영양만점 에너지바

견과류와 곡물, 과일을 이용해 만든
에너지바 레시피를 소개합니다.
탄수화물, 지방, 단백질, 비타민 등 우리 몸에
필요한 영양소가 골고루 배합된 한 끼 식사용 에너지바로
바쁜 아침, 간편하게 건강을 챙기세요.

현미 에너지바
·
복분자 에너지바
·
유자 에너지바
·
흑보리 에너지바
·
사과찹쌀 에너지바

현미 에너지바

소요시간	25분
총 개수	5개
칼로리	164kcal(1개)
난이도	★

재료
→

100g	80g	20g	20g
꿀	볶은 현미	호두	캐슈넛

TIP
현미는 물로 씻어 물기가 빠지면 두꺼운 팬에 약한 불로 원래 크기의 1.5배 정도가 될 때까지 10분 정도 볶아 주세요.

TIP
너무 오랜 시간 굳힌 후 자르면 깨질 수 있으니 완전히 식기 전에 자르세요.

01 두꺼운 팬에 꿀을 넣고 옅은 갈색이 날 때까지 중간 불로 서서히 끓인다.

02 약한 불로 줄인 후, 호두와 캐슈넛을 넣고 골고루 섞어 준다.

03 불을 끈 후, 볶은 현미를 넣고 골고루 섞어 준다.

04 실리콘 페이퍼나 두꺼운 비닐 위에 2cm 정도의 두께로 펴 준다.

05 완전히 식기 전에 손으로 꾹 눌러 모양을 잡아 준다.

06 적당히 굳으면 칼을 이용해 원하는 크기나 모양으로 자른다.

복분자 에너지바

소요시간	25분
총 개수	5개
칼로리	95kcal(1개)
난이도	★

재료

→ **70g** 뮤즐리 시리얼   **60g** 꿀   **50g** 복분자 엑기스   **20g** 크랜베리

01 두꺼운 팬에 꿀과 복분자 엑기스를 넣고 중간 불로 약 4-5분간(진한 복분자 냄새가 올라올 때까지) 졸인다.

02 불을 끄고 뮤즐리 시리얼, 크랜베리를 넣고 다시 골고루 섞어 준다.

03 실리콘 페이퍼나 두꺼운 비닐 위에 2cm 정도의 두께로 펴 준다.

04 완전히 식기 전에 손으로 꾹 눌러 모양을 잡아 준다.

05 적당히 굳으면 칼을 이용해 원하는 크기나 모양으로 자른다.

유자 에너지바

소요시간	30분
총 개수	5개
칼로리	154kcal(1개)
난이도	★

재료
→

130g
유자청
(꿀유자차)

100g
볶은 찰보리

20g
피칸

TIP
찰보리는 약한 불로 약 10분간
볶은 후 사용하세요.

01 두꺼운 팬에 유자청을 넣고 중간 불로 약 7분간(진한 유자 냄새가 올라올 때까지) 졸여 준다.

02 볶은 찰보리, 피칸을 넣고 약한 불에서 골고루 섞어 준다.

03 실리콘 페이퍼나 두꺼운 비닐 위에 2cm 정도의 두께로 펴 준다

04 완전히 식기 전에 손으로 꾹 눌러 모양을 잡아 준다.

05 적당히 굳으면 칼을 이용해 원하는 크기나 모양으로 자른다.

흑보리 에너지바

소요시간	25분
총 개수	5개
칼로리	191kcal(1개)
난이도	★

재료
→

100g	50g	50g	20g	20g
볶은 흑보리	꿀	매실 엑기스	아몬드	건자두

Tip
흑보리는 물로 씻어 물기가 빠지면
두꺼운 팬에 약한 불로 원래 크기의 1.5배
정도가 될 때까지 10분 정도 볶아 주세요.

Tip
건자두는 불을 끄고 한 김 식힌 후
넣어야 형태가 보기 좋게 유지돼요.

01 두꺼운 팬에 매실 엑기스, 꿀을 넣고 4-5분간(단 냄새가 날 때까지) 중간 불로 끓인다.

02 볶은 흑보리, 아몬드를 넣고 골고루 섞어 준다.

03 불을 끈 후, 건자두를 넣고 다시 섞는다.

04 실리콘 페이퍼나 두꺼운 비닐 위에 2cm 정도의 두께로 펴 준다.

05 완전히 식기 전에 손으로 꾹 눌러 모양을 잡아 준다.

06 적당히 굳으면 칼을 이용해 원하는 크기나 모양으로 자른다.

사과찹쌀 에너지바

소요시간	30분
총 개수	5개
칼로리	167kcal(1개)
난이도	★

재료
→

100g	100g	70g	20g	20g	20g
깍둑 썬 사과	꿀	볶은 찹쌀	헤이즐넛	피스타치오	레몬 필

TIP

찹쌀은 약한 불로 두꺼운 팬에서
약 10분간 서서히 볶은 후 사용하세요.

How to

레몬 필 만들기

재료 → 레몬 껍질 100g | 황설탕 100g | 물 100g

01- 레몬 껍질을 잘게 다진다.

02- 레몬 껍질, 황설탕을 섞고 2시간 이상 절인다.
   (시간적 여유가 없을 경우 절이는 과정을 생략한다).

03- 두꺼운 팬에 **02**와 물을 넣고 15분간 졸인다.

01 두꺼운 팬에 꿀, 깍둑 썬 사과를 넣고 중간 불로 약 10분간(사과의 물이 없어질 정도로) 졸인다.

02 헤이즐넛, 피스타치오, 볶은 찹쌀을 넣고 섞어 준다.

03 불을 끈 후, 레몬 필을 넣고 골고루 섞어 준다.

04 식기 전에 실리콘 페이퍼나 두꺼운 비닐 위에 2cm 정도의 두께로 펴 준다.

05 완전히 식기 전에 손으로 꾹 눌러 모양을 잡아 준다.

06 적당히 굳으면 칼을 이용해 원하는 크기나 모양으로 자른다.

견과류의 재발견

•

최근 견과류에 대한 관심과 함께 견과류의 영양학적 효능에 대한 국내외 연구결과들이 발표됨에 따라, 견과류의 가치가 '재발견'되고 있어요. 미국 시사 주간지 〈타임TIME〉이 선정한 '10대 슈퍼푸드' 중 하나인 견과류는 단백질, 불포화지방, 비타민, 무기질 등 우리몸에 이로운 각종 영양소가 듬뿍 들어 있어 영양학적으로 많은 이점을 가진 식품이에요.

'견과류와 심혈관계 질환'에 대해 연구한 캐나다 토론토대학University of Toronto 시릴 켄달Cyril Kendall박사는 "아몬드에는 풍부한 양의 단백질과 식이섬유소가 포함되어 있다"고 발표했어요. 이러한 연구결과에 힘입어 한국영양학회는 2010년, 아몬드를 포함한 견과류를 유지류에서 단백질류로 변경하기도 했지요. 이러한 최근의 연구결과와 영양학회의 움직임은 '견과류는 지방 덩어리'라는 사람들의 고정관념이 잘못된 것임을 알려 주는 계기가 되었어요. 견과류의 지방 함량이 높은 편인 것은 사실이지만, 이 지방은 대부분 우리 몸에 꼭 필요한 불포화지방으로 이루어져 있어요. 이 불포화지방은 우리 몸에서 에너지원으로 이용되기도 하며, 면역체계를 강화하고, 다른 음식물에서 에너지를 추출하는 데 이용되기도 해요. 또한 견과류에는 신체 대사 작용에 필수적인 아미노산이 함유되어 있어 심혈관계 질환을 예방하며, 당분의 흡수를 억제할 뿐 아니라, 포만감을 주는 식이섬유소가 다량 함유되어 있어 적정량(하루 1온스, 약 28g) 섭취 시 오히려 비만을 예방할 수 있는 식품이에요.

견과류와 심혈관계 질환

- 적정량의 견과류 섭취 시 가장 큰 이점은 바로 심혈관계 질환을 예방할 수 있다는 것이에요. 심혈관계 건강과 견과류의 상관관계에 관해서는 아주 탄탄한 학문적 근거들이 있어요.

  미국 하버드대학교^{Harvard University} 연구원들은 견과류에 함유된 다가 불포화 지방산인 아르기닌^{arginine} 성분 때문에 적정량의 견과류를 정기적으로 섭취하게 되면 체내 콜레스테롤 수치가 대폭 감소하며, 심장의 부정맥을 예방하는 효과가 있다고 밝혔어요.

  미국의 대표 조사기관인 <Adventist Health Study>, <The lowa Women's Health Study>, <The Nurses' Health Study>, <Physicians' Health Study>에서는 6~14년 동안 약 160,000명의 성인남녀를 대상으로 식이습관에 관한 역학조사를 한 결과, 하루 1온스의 견과류를 주 4~5회 섭취하는 그룹의 심혈관계 질환 발병률이 그렇지 않은 그룹의 발병률과 비교했을 때 18~51% 정도 감소했다는 결과를 발표했어요.

  이 외에도 최근 수많은 연구결과가 발표되고 있어 '견과류가 심혈관계 건강에 긍정적인 영향을 미친다'는 주장은 근래 통설로 받아들여지고 있지요.

Part.2

격렬한 레저를 즐기는 운동 마니아를 위한

힘이 불끈! 칼로리바

등산, 스키, 바이크 등 격렬한 레저를 즐기는 당신을 위한
칼로리바 레시피를 소개합니다.
칼로리가 많이 소모되는 운동 중간중간, 미리 준비한 가방 속
칼로리바로 건강한 영양을 보충해 주세요.

홍차 칼로리바

·

커피 칼로리바

·

치즈 칼로리바

·

바나나 칼로리바

·

호밀 칼로리바

홍차 칼로리바

소요시간	1시간 40분
총 개수	16개
칼로리	282kcal(1개)
난이도	★★

반죽
→

500g	120g	30g	100g	100g	30g	10g	5g	2g
유기농 박력분	버터	유기농 흑설탕	달걀	홍차 우린 물	우유	베이킹파우더	소금	소다

토핑
→

100g	50g	50g	50g	50g
삶은 건무화과	피칸	피스타치오	아몬드	캐슈넛

─ How to ─

건무화과 삶기

01- 건무화과가 잠길 정도로 물을 넣고
　　 중간 불에서 15분간 끓인다.

02- 건무화과의 크기가 1.5배 정도
　　 커지면 체에 받쳐 찬물로 헹궈 준다.

01　넓은 볼에 체 친 박력분과 반죽 재료를 준비한다.

02　반죽 재료를 모두 넣고 반죽한 후, 냉장고에서 40분간(최적 숙성시간은 6시간) 숙성시킨다.

03　숙성된 반죽에 토핑 재료를 넣고 다시 반죽한다.

04　반죽을 밀대로 밀어 1cm 두께로 평평하게 만든다.

05　반죽을 먹기 좋은 크기로 자른다.

06　175℃로 예열된 오븐에서 12-15분간 굽는다.

커피 칼로리바

소요시간	1시간 50분
총 개수	16개
칼로리	294kcal(1개)
난이도	★★★

반죽
→

560g	150g	120g	100g	100g or 25g	50g	10g	5g	2g
유기농 박력분	버터	유기농 흑설탕	달걀	에스프레소 or 물에 녹인 커피 분말	우유	베이킹파우더	소금	소다

토핑
→

150g	150g
가나슈	헤이즐넛

36

01 02

How to

가나슈 만들기

재료 → 다크초콜릿 150g | 생크림 125g | 럼주 10g

01- 생크림은 약 80℃ 정도로 데워 준비한다.

02- 다크초콜릿은 전자레인지에 2-3분간
데우거나 약 80℃에서 중탕한다.

03- 데워진 다크초콜릿에 생크림을 3-4회
나눠 부으면서 잘 섞어 준다.

04- 마지막으로 럼주를 넣고 섞어 준다.

03 04

05

07

08

01 넓은 볼에 체 친 박력분과 반죽 재료를 준비한다.

02 반죽 재료를 모두 넣고 반죽한 후, 냉장고에서 40분간(최적 숙성시간은 6시간) 숙성시킨다.

03 숙성된 반죽에 헤이즐넛을 넣고 다시 반죽한다.

04 반죽을 밀대로 밀어 1cm 두께로 평평하게 만든다.

05 반죽을 먹기 좋은 크기로 자른다.

06 175℃로 예열된 오븐에서 12-15분간 굽는다.

07-08 바(bar)가 식으면 미리 만들어 둔 가나슈를 묻히고 헤이즐넛으로 장식한다.

치즈 칼로리바

소요시간	1시간 40분
총 개수	16개
칼로리	215kcal(1개)
난이도	★★

반죽
→ 500g 유기농 박력분   120g 버터   120g 유기농 흑설탕   120g 우유   100g 슬라이스 치즈   80g 달걀   10g 베이킹파우더   3g 소금   2g 소다

토핑
→ 100g 현미 시리얼   100g 헤이즐넛   50g 삶은 건무화과

TIP

기호에 따라 까망베르 치즈나
크림 치즈를 사용해도 좋아요.

01 넓은 볼에 체 친 박력분과 반죽 재료를 준비한다.

02 반죽 재료를 모두 넣고 반죽한 후, 냉장고에서 40분간(최적 숙성시간은 6시간) 숙성시킨다.

03 숙성된 반죽에 토핑 재료를 넣고 다시 반죽한다.

04 반죽을 밀대로 밀어 1cm 두께로 평평하게 만든다.

05 반죽을 먹기 좋은 크기로 자른다.

06 175℃로 예열된 오븐에서 12-15분간 굽는다.

바나나 칼로리바

소요시간	1시간 40분
총 개수	16개
칼로리	179kcal(1개)
난이도	★★

반죽
→

500g	150g	100g	80g	50g	50g	10g	5g	2g
유기농 박력분	유기농 흑설탕	바나나	달걀	우유	버터	베이킹파우더	소금	소다

토핑
→

100g	50g
초코 시리얼	건조 블루베리 or 생 블루베리 200g

40

01 넓은 볼에 체 친 박력분과 반죽 재료를 준비한다.

02 반죽 재료를 모두 넣고 반죽한 후, 냉장고에서 40분간(최적 숙성시간은 6시간) 숙성시킨다.

03 숙성된 반죽에 시리얼을 넣고 다시 반죽한다.

04 마지막으로 블루베리를 넣고 가볍게 반죽한다.

05 반죽을 밀대로 밀어 1cm 두께로 평평하게 만든다.

06 반죽을 먹기 좋은 크기로 자른다.

07 175℃로 예열된 오븐에서 12-15분간 굽는다.

호밀 칼로리바

소요시간	1시간 40분
총 개수	16개
칼로리	296kcal(1개)
난이도	★★

반죽
→

400g	150g	150g	120g	100g	100g	10g	5g
유기농 박력분	버터	유기농 흑설탕	우유	달걀 흰자	호밀 가루	베이킹파우더	소금

토핑
→

100g	100g	50g
잡곡 시리얼	피스타치오	초코칩

TIP

숙성된 반죽은 밀폐용기에 담아 보관하면 최대 15일간 사용할 수 있어요.

01 넓은 볼에 체 친 박력분과 반죽 재료를 준비한다.

02 반죽 재료를 모두 넣고 반죽한 후, 냉장고에서 40분간(최적 숙성시간은 6시간) 숙성시킨다.

03 숙성된 반죽에 토핑 재료를 넣고 다시 반죽한다.

04 반죽을 밀대로 밀어 1cm 두께로 평평하게 만든다.

05 반죽을 먹기 좋은 크기로 자른다.

06 175℃로 예열된 오븐에서 12-15분간 굽는다.

Part.3

깔끔함을 좋아하는 여자들의 디저트
아삭~바삭 비스코티

두 번 구워 더 바삭한 비스코티 레시피를 소개합니다.
최소한의 버터와 설탕으로 만든 담백한 반죽에
견과류를 넣어, 고소하고
깔끔한 비스코티를 디저트로 즐겨 보세요.

호밀 비스코티
·
녹차 비스코티
·
치즈 비스코티
·
커피 비스코티
·
오징어먹물 비스코티

호밀 비스코티

소요시간	4시간 50분
총 개수	45개
칼로리	265kcal(2개)
난이도	★★★

반죽
→

300g	250g	150g	130g	120g	7g
유기농 박력분	유기농 황설탕	호밀	달걀	버터	베이킹파우더

토핑
→

400g
아몬드

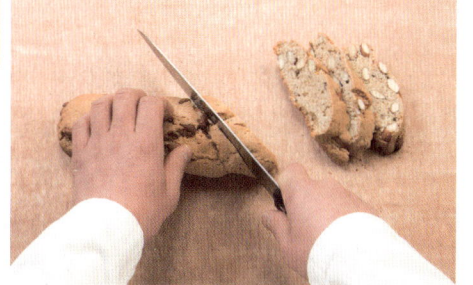

TIP
랩으로 쌓아 두는 것은 반죽이
부서지는 것을 방지하기 위해서예요.

01 볼에 체 친 박력분과 반죽 재료를 준비한다.

02 충분히 반죽한 후, 냉장고에서 1시간 이상 숙성시킨다.

03 아몬드를 넣고 다시 반죽한다.

04 반죽을 비닐이나 랩을 이용해 싼 후, 1시간 이상 숙성시킨다.

05 숙성된 반죽은 세 덩어리로 나눈 후, 밀가루를 조금씩 묻혀 가며 가래떡 2배 크기로 성형한다.

06 170℃로 예열된 오븐에서 12분간 굽는다.

07 구워 나온 반죽은 완전히 식힌 후, 랩을 이용해 2~3번 말아 실온에서 2시간 이상 보관한다.

08 2cm 두께로 어슷 썰어 다시 170℃ 오븐에서 12분간 굽는다.

녹차 비스코티

소요시간	4시간 50분
총 개수	45개
칼로리	260kcal(2개)
난이도	★★★

반죽
→ 420g 유기농 박력분   250g 유기농 황설탕   130g 달걀   120g 버터   15g 클로렐라 분말   15g 녹차 분말   20g 우유   7g 베이킹파우더

토핑
→ 400g 피스타치오

01 볼에 체 친 박력분과 반죽 재료를 준비한다.

02 충분히 반죽한 후, 냉장고에서 1시간 이상 숙성시킨다.

03 피스타치오를 넣고 다시 반죽한다.

04 반죽을 비닐이나 랩을 이용해 싼 후, 1시간 이상 숙성시킨다.

05 숙성된 반죽은 세 덩어리로 나눈 후, 밀가루를 조금씩 묻혀 가며 가래떡 2배 크기로 성형한다.

06 170℃로 예열된 오븐에서 12분간 굽는다.

07 구워 나온 반죽은 완전히 식힌 후, 랩을 이용해 2~3번 말아 실온에서 2시간 이상 보관한다.

08 2cm 두께로 어슷 썰어 다시 170℃ 오븐에서 12분간 굽는다.

치즈 비스코티

소요시간	4시간 50분
총 개수	45개
칼로리	193kcal(2개)
난이도	★★★

반죽
→

- 450g 유기농 박력분
- 250g 유기농 황설탕
- 130g 달걀
- 120g 버터
- 7g 베이킹파우더

토핑
→

- 250g 에멘탈 치즈
- 150g 까망베르 치즈

50

TIP

기호에 따라 롤 치즈나
슬라이스 치즈를 사용해도 좋아요.

01 볼에 체 친 박력분과 반죽 재료를 준비한다.

02 충분히 반죽한 후, 냉장고에서 1시간 이상 숙성시킨다.

03 에멘탈 치즈를 넣고 다시 반죽한다.

04 반죽을 비닐이나 랩을 이용해 싼 후, 1시간 이상 숙성시킨다.

05 숙성된 반죽은 세 덩어리로 나눈 후. 밀가루를 조금씩 묻혀 가며 가래떡 2배 크기로 성형한다.

06 170℃로 예열된 오븐에서 12분간 굽는다.

07 구워 나온 반죽은 완전히 식힌 후, 랩을 이용해 2~3번 말아 실온에서 2시간 이상 보관한다.

08 2cm 두께로 어슷 썰어 다시 170℃ 오븐에서 12분간 굽는다.

커피 비스코티

소요시간	4시간 50분
총 개수	45개
칼로리	244kcal(2개)
난이도	★★★

반죽
→

580g	250g	130g	100g	120g	7g
유기농 박력분	유기농 황설탕	달걀	에스프레소	버터	베이킹파우더

토핑
→

400g
헤이즐넛

TIP
에스프레소 대신 따뜻한 물 70g에 커피 분말
(블랙커피) 12g을 녹여 사용할 수 있어요.

01 볼에 체 친 박력분과 반죽 재료를 준비한다.

02 충분히 반죽한 후, 냉장고에서 1시간 이상 숙성시킨다.

03 헤이즐넛을 넣고 다시 반죽한다.

04 반죽을 비닐이나 랩을 이용해 싼 후, 1시간 이상 숙성시킨다.

05 숙성된 반죽은 세 덩어리로 나눈 후, 밀가루를 조금씩 묻혀 가며 가래떡 2배 크기로 성형한다.

06 170℃로 예열된 오븐에서 12분간 굽는다.

07 구워 나온 반죽은 완전히 식힌 후, 랩을 이용해 2~3번 말아 실온에서 2시간 이상 보관한다.

08 2cm 두께로 어슷 썰어 다시 170℃ 오븐에서 12분간 굽는다.

오징어먹물 비스코티

소요시간	4시간 50분
총 개수	45개
칼로리	276kcal(2개)
난이도	★★★

반죽
→

460g 유기농 박력분 **250g** 유기농 황설탕 **130g** 달걀 **120g** 버터 **20g** 오징어먹물 **7g** 베이킹파우더

토핑
→

400g 호두

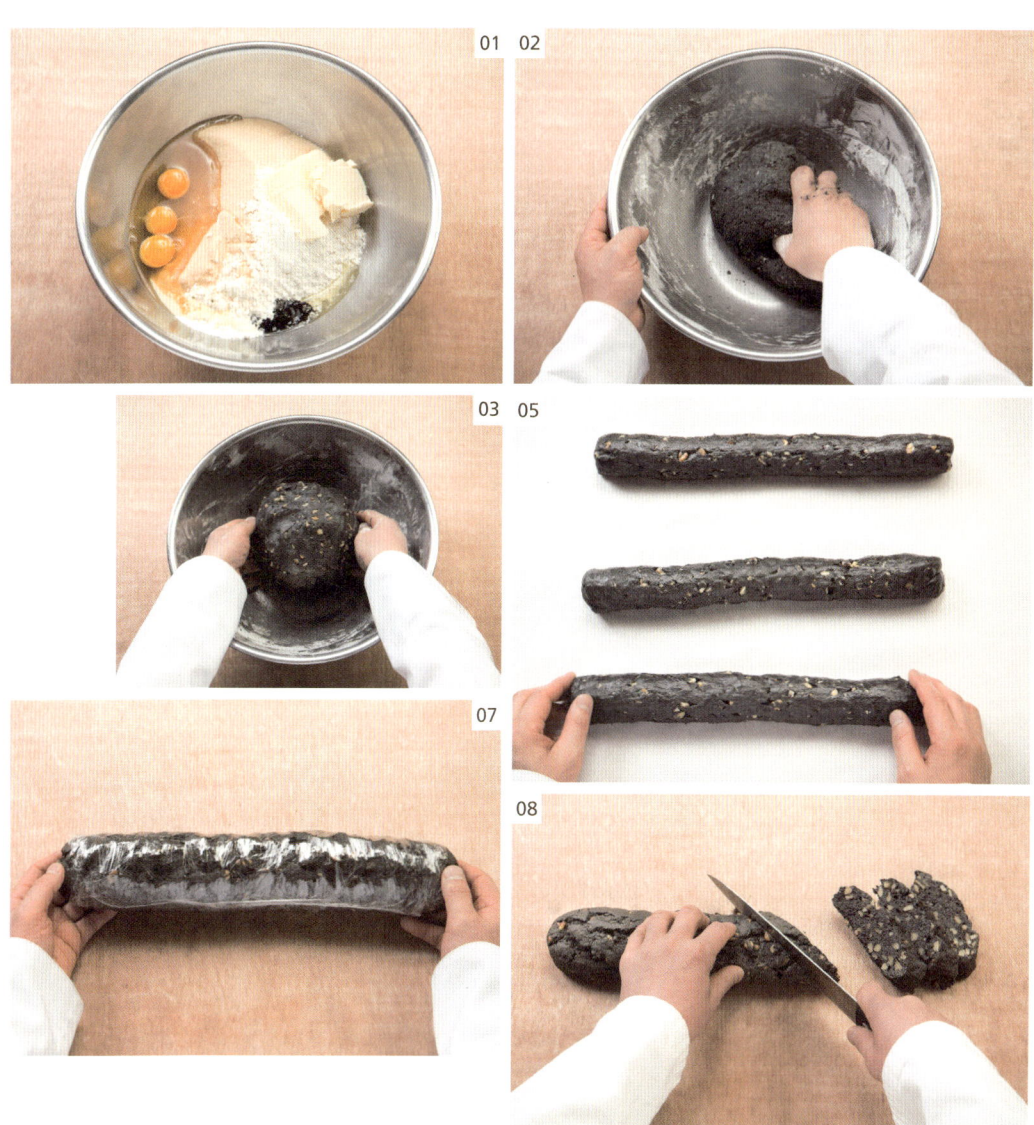

01 볼에 체 친 박력분과 반죽 재료를 준비한다.

02 충분히 반죽한 후, 냉장고에서 1시간 이상 숙성시킨다.

03 호두를 넣고 다시 반죽한다.

04 반죽을 비닐이나 랩을 이용해 싼 후, 1시간 이상 숙성시킨다.

05 숙성된 반죽은 세 덩어리로 나눈 후, 밀가루를 조금씩 묻혀 가며 가래떡 2배 크기로 성형한다.

06 170℃로 예열된 오븐에서 12분간 굽는다.

07 구워 나온 반죽은 완전히 식힌 후, 랩을 이용해 2~3번 말아 실온에서 2시간 이상 보관한다.

08 2cm 두께로 어슷 썰어 다시 170℃ 오븐에서 12분간 굽는다.

견과류와
피부건강

•

식품을 통해 섭취하는 각종 영양소는 피부를 구성하는 성분 그 자체이기 때문에 피부건강과 식습관은 밀접한 관련이 있어요. 최근 견과류가 피부 모공과 유·수분 밸런스에 직접적인 영향을 준다는 연구결과가 발표되어 이슈가 되고 있지요.

세계사이버대학 약용건강식품과 조현주 교수는 견과류를 주 1회 미만 섭취한 그룹과 주 1~2회 섭취한 그룹, 그리고 주 3회 이상 섭취한 그룹의 피부 모공 크기를 측정했어요. 그 결과 견과류를 주 1회 미만 섭취한 그룹의 피부 모공이 42.1, 주 1~2회 섭취한 그룹이 37.7, 주 3회 이상 섭취한 그룹이 35.4로, 견과류를 주 3회 이상 섭취한 그룹의 모공 크기가 가장 작아진 결과를 얻었어요(이 실험은 모공 크기 측정기인 'Aramo-TS'로 측정했으며, 숫자가 작을수록 모공의 크기가 작은 것을 의미해요).

이는 견과류에 함유된 불포화지방산이 피부의 각질층이 정상적인 기능을 하도록 도와 피부 모공이 작아지고, 매끄러운 상태를 유지하는 데 도움을 주기 때문이에요. 이 밖에도 견과류는 피부의 주요 구성 성분인 단백질과 지방을 충분히 공급해 피부의 재생을 도와 매끄럽고 윤기 나는 피부를 가꾸는 데 도움을 주어요.

견과류와 노화

- 인간의 노화는 보통 24세 전후로 진행되는데, 꾸준한 운동과 규칙적인 생활, 항산화제가 함유된 식품의 정기적인 섭취로 노화를 지연시킬 수 있어요. 항산화제는 체내에 존재하는 노화의 주범인 활성산소의 활동을 막는 역할을 해요. 그래서 항산화제가 다량 함유되어 있는 식품을 섭취하면 노화를 지연시킬 수 있는데, 견과류가 바로 월등한 항산화 효능을 가진 식품이에요. 이는 항산화 작용을 하는 대표적인 영양소인 비타민E, 체내에서 항산화 작용을 돕는 효소의 구성 성분인 셀레늄, 그리고 아연이 견과류에 다량 함유되어 있기 때문이지요. 견과류 중 항산화 성분이 가장 많은 호두는 비타민E보다 15배 강력한 항산화 성분을 함유하고 있어 노화방지 식품 중에서는 단연 으뜸이라고 할 수 있어요.

Part.4

성장기 아이들을 위한
두뇌 건강 영양바

성장기 아이들에게 필수적인, 두뇌 발달을 높이는
견과류를 이용한 영양바 레시피를 소개합니다.
견과류를 싫어하는 아이들을 위해 견과류의 맛이
도드라지지 않는 부드러운 식감의 영양바로
우리 아이의 두뇌 건강을 책임져 주세요.

너트 크런치 영양바

·

과일 영양바

·

크랜베리 뻥튀기바

·

과일 뻥튀기바

너트 크런치 영양바

소요시간	20분
총 개수	5개
칼로리	236kcal(1개)
난이도	★

재료
→

150g	100g	50g	30g	20g	20g
꿀	곡물 시리얼	초코 크런치	유기농 황설탕	피스타치오	호두

01 두꺼운 팬에 꿀과 황설탕을 넣고, 중간 불에서 약 5분간 끓인다.

02 약한 불로 줄인 후 피스타치오, 호두를 넣고 골고루 섞어 준다.

03 시리얼을 넣고 부서지지 않도록 가볍게 섞어 준다.

04 불을 끄고 초코 크런치를 넣고 다시 섞어 준다.

05 실리콘 페이퍼나 두꺼운 비닐 위에 2cm 두께로 넓게 펴 준다.

06 식기 전에 손으로 꾹 눌러 모양을 잡아 준다.

07 적당히 굳으면 칼을 이용해 원하는 크기나 모양으로 자른다.

과일 영양바

소요시간	10분
총 개수	5개
칼로리	204kcal(1개)
난이도	★

재료
→

| 100g 꿀 | 50g 초코 시리얼 | 25g 아몬드 | 25g 피스타치오 | 25g 캐슈넛 | 10g 유기농 황설탕 | 10g 건자두 | 10g 건살구 | 10g 건무화과 | 10g 크랜베리 |

01 두꺼운 팬에 꿀과 황설탕을 넣고, 중간 불에서 약 5분간 끓인다.

02 약한 불로 줄이고 아몬드, 캐슈넛, 피스타치오, 초코 시리얼, 과일 순으로 넣고 골고루 섞어 준다.

03 실리콘 페이퍼나 두꺼운 비닐 위에 2cm 정도의 두께로 넓게 펴 준다.

04 완전히 식기 전에 손으로 꾹 눌러 모양을 잡아 준다.

05 적당히 굳으면 칼을 이용해 원하는 크기나 모양으로 자른다.

크랜베리 뻥튀기바

소요시간	20분
총 개수	5개
칼로리	146kcal(1개)
난이도	★

재료
→　100g 꿀　　50g 뻥튀기　　20g 슬라이스 아몬드　　20g 호박씨　　20g 크랜베리

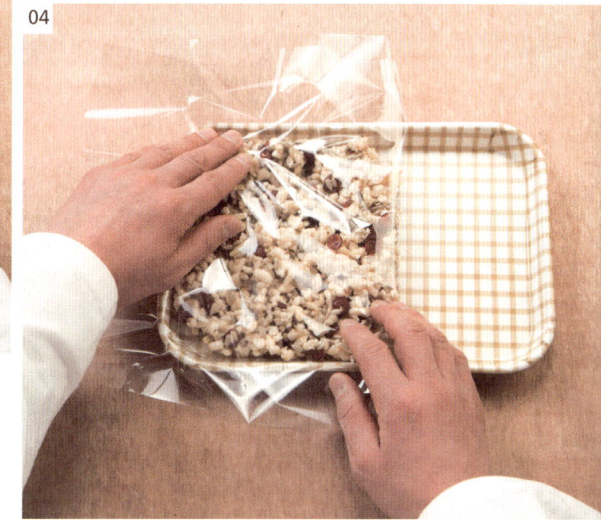

01 꿀을 중간 불에서 약 5분간 끓인다.

02 불을 끄고 호박씨, 크랜베리, 뻥튀기를 넣고 빠르게 섞어 준다.

03 실리콘 페이퍼나 두꺼운 비닐 위에 2cm 정도의 두께로 넓게 펴 준다.

04 완전히 식기 전에 손으로 꾹 눌러 모양을 잡아 준다.

05 적당히 굳으면 칼을 이용해 원하는 크기나 모양으로 자른다.

과일 뻥튀기바

소요시간	20분
총 개수	5개
칼로리	80kcal(1개)
난이도	★

재료
→

100g	50g	20g	10g	10g	10g	10g
꿀	뻥튀기	슬라이스 아몬드	건자두	건살구	건무화과	크랜베리

66

01 꿀을 중간 불에서 약 5분간 끓인다.

02 불을 끄고 크랜베리, 건자두, 건살구, 건무화과를 넣고 빠르게 섞어 준다.

03 실리콘 페이퍼나 두꺼운 비닐 위에 2cm 정도의 두께로 넓게 펴 준다.

04 완전히 식기 전에 손으로 꾹 눌러 모양을 잡아 준다.

05 적당히 굳으면 칼을 이용해 원하는 크기나 모양으로 자른다.

견과류의
올바른
섭취법

•

견과류는 생으로 먹거나 낮은 열로 단시간 가열한 후 먹는 것이 가장 좋아요. 견과류를 고온에서 장시간 가열할 경우, 몸에 좋은 영양소가 파괴될 수 있기 때문이지요. 시중에 나와 있는 가공된 견과류의 경우 설탕, 소금 등 각종 조미료가 과하게 첨가되거나 화학적 합성 첨가물들이 포함되어 있어 오히려 건강에 좋지 않아요.

견과류의 1일 적정섭취량은 보통 1온스(약 28g)로 제안되고 있어요. 그 이유는 오래 전부터 견과류를 꾸준히, 적당히 섭취하는 식습관이 잘 자리 잡힌 북미 및 유럽의 견과류 관련 연구에서 견과류의 건강적 효능의 여부를 판단하기 위해 가장 많이 쓰이는 기준량이 바로 1온스이기 때문이에요. 또한 불포화지방산의 1일 적정섭취량인 12~14g이 견과류 1온스에 포함되어 있기 때문이죠.

견과류를 건강 간식으로 섭취하는 방법은 그 대상 및 연령에 따라 달라요. 3세 이하 영·유아의 경우, 통 견과류를 생으로 섭취하면 질식 및 알레르기의 위험이 있어 추천하지 않는 것이 일반적이에요. 36개월 이상 영·유아부터는 잘게 부수거나 갈아 놓은 견과류를 조금 섭취하도록 하여 먼저 알레르기에 대한 반응을 체크하는 것이 좋아요. 3세부터 7세까지의 아이들에게는 견과류 1일 적정섭취량인 1온스의 절반인 0.5온스를 섭취하도록 하는 것이 적당해요.

이 시기에는 기초대사가 활발하기 때문에 허기가 질 때마다 간식으로 섭취하면 좋아요. 8세부터 청소년기까지는 성인과 같은 양인 1온스의 견과류를 섭취할 수 있어요. 이 시기에는 학업으로 인해 상당한 집중력을 필요로 하기 때문에 틈틈이 견과류를 섭취해 적절한 포만감을 느끼게 해 주는 것이 좋아요. 체중 조절 중인 성인의 경우, 하루 중 칼로리 섭취가 가장 높은 식사 30분 전. 또는 허기가 질 때마다 견과류를 섭취해 포만감을 유발시켜 식사량을 조절할 수 있어요. 반대로 저체중인 성인의 경우, 견과류를 식사 전에 섭취하면 식욕이 떨어질 수 있기 때문에 식사 후 디저트용으로, 혹은 간식용으로 섭취하는 것이 적절한 체중을 유지하는데 도움이 되지요.

위와 같은 방법으로 견과류를 섭취할 시에는 한 가지 견과류를 섭취하는 것보다 3~5가지 종류의 견과류를 섞어 적정섭취량만큼 먹는 것이 더 좋아요. 각 견과류마다 함유하고 있는 영양소와 그 함량의 정도가 다르기 때문이죠. 또한 견과류는 산소, 습기, 직사광선, 열에 쉽게 상할 수 있기 때문에 대량으로 구입하기보다는 소량씩 자주 구입해 한 번 먹을 만큼씩 포장해 냉장보관하는 것이 좋아요.

Part.5

달콤한 휴식이 필요한 당신을 위해

달콤~촉촉 피낭시에

나른한 오후, 달콤한 휴식이 필요한
당신을 위한 피낭시에 레시피를 소개합니다.
커피와 잘 어울리는 달콤하고 촉촉한 피낭시에로
하루의 스트레스를 날려 버리세요.

레드베리 시리얼 & 크랜베리 피낭시에

·

콘푸레이크 시리얼 & 초코칩 피낭시에

·

잡곡 시리얼 & 호두 피낭시에

·

곡물 시리얼 & 크랜베리 피낭시에

·

초코볼 시리얼 & 캐슈넛 피낭시에

레드베리 시리얼 &
크랜베리 피낭시에

소요시간	3시간
총 개수	37개
칼로리	250kcal(2개)
난이도	★★

반죽
→

300g	300g	250g	250g	½개	5g
버터	유기농 황설탕	유기농 중력분	달걀	레몬 껍질	베이킹파우더

토핑
→

적당량	적당량
레드베리 시리얼	크랜베리

01 유기농 중력분, 유기농 황설탕, 베이킹파우더를 체 쳐 준비하고, 달걀은 기포가 생기지 않게 거품기로 풀어 준다.

02 버터는 녹을 정도로만 중탕한 후, 잘게 다진 레몬 껍질을 넣고 섞는다.

03 01 에 02 를 2-3회 나누어 섞은 후, 01 과 함께 섞어 반죽을 만든다.

04 반죽을 랩으로 감싼 후, 냉장고에서 2시간 동안 숙성시킨다.

05 마들렌 틀에 버터를 얇게 발라 준다.

06 레드베리 시리얼과 크랜베리를 적당량 깔아 준다.

07 틀에 반죽을 2/3 정도 채운다.

08 180℃로 예열한 오븐에서 15분간 굽는다.

73

콘푸레이크 시리얼 &
초코칩 피낭시에

소요시간	3시간
총 개수	37개
칼로리	250kcal(2개)
난이도	★★

반죽
→

300g	300g	250g	250g	½개	5g
버터	유기농 황설탕	유기농 중력분	달걀	레몬 껍질	베이킹파우더

토핑
→

적당량	적당량
콘푸레이크 시리얼	초코칩

74

01 유기농 중력분, 유기농 황설탕, 베이킹파우더를 체 쳐 준비하고, 달걀은 기포가 생기지 않게 거품기로 풀어 준다.

02 버터는 녹을 정도로만 중탕한 후, 잘게 다진 레몬 껍질을 넣고 섞는다.

03 ❶ 에 ❷ 를 2-3회 나누어 섞은 후, ❶ 과 함께 섞어 반죽을 만든다.

04 반죽을 랩으로 감싼 후, 냉장고에서 2시간 동안 숙성시킨다.

05 마들렌 틀에 버터를 얇게 발라 준다.

06 초코칩과 콘푸레이크 시리얼을 적당량 깔아 준다.

07 틀에 반죽을 2/3 정도 채운다.

08 180℃로 예열한 오븐에서 15분간 굽는다.

잡곡 시리얼 &
호두 피낭시에

소요시간	3시간
총 개수	37개
칼로리	250kcal(2개)
난이도	★★

반죽
→

300g	300g	250g	250g	½개	5g
버터	유기농 황설탕	유기농 중력분	달걀	레몬 껍질	베이킹파우더

토핑
→

적당량	적당량
잡곡 시리얼	호두 분태

01 유기농 중력분, 유기농 황설탕, 베이킹파우더를 체 쳐 준비하고, 달걀은 기포가 생기지 않게 거품기로 풀어 준다.

02 버터는 녹을 정도로만 중탕한 후, 잘게 다진 레몬 껍질을 넣고 섞는다.

03 01에 02를 2-3회 나누어 섞은 후, 01과 함께 섞어 반죽을 만든다.

04 반죽을 랩으로 감싼 후, 냉장고에서 2시간 동안 숙성시킨다.

05 마들렌 틀에 버터를 얇게 발라 준다.

06 구운 호두 분태와 잡곡 시리얼을 적당량 깔아 준다.

07 틀에 반죽을 2/3 정도 채운다.

08 180℃로 예열한 오븐에서 15분간 굽는다.

곡물 시리얼 &
크랜베리 피낭시에

소요시간	3시간
총 개수	37개
칼로리	250kcal(2개)
난이도	★★

반죽
→

300g	300g	250g	250g	½개	5g
버터	유기농 황설탕	유기농 중력분	달걀	레몬 껍질	베이킹파우더

토핑
→

적당량	적당량	적당량
곡물 시리얼	크랜베리	슬라이스 아몬드

01 유기농 중력분, 유기농 황설탕, 베이킹파우더를 체 쳐 준비하고, 달걀은 기포가 생기지 않게 거품기로 풀어 준다.

02 버터는 녹을 정도로만 중탕한 후, 잘게 다진 레몬 껍질을 넣고 섞는다.

03 ①에 ②를 2-3회 나누어 섞은 후, ①과 함께 섞어 반죽을 만든다.

04 반죽을 랩으로 감싼 후, 냉장고에서 2시간 동안 숙성시킨다.

05 마들렌 틀에 버터를 얇게 발라 준다.

06 크랜베리와 곡물 시리얼, 슬라이스 아몬드를 적당량 깔아 준다.

07 틀에 반죽을 2/3 정도 채운다.

08 180℃로 예열한 오븐에서 15분간 굽는다.

초코볼 시리얼 &
캐슈넛 피낭시에

소요시간	3시간
총 개수	37개
칼로리	250kcal(2개)
난이도	★★

반죽
→

300g	300g	250g	250g	½개	5g
버터	유기농 황설탕	유기농 중력분	달걀	레몬 껍질	베이킹파우더

토핑
→

적당량	적당량
캐슈넛	초코볼 시리얼

01 유기농 중력분, 유기농 황설탕, 베이킹파우더를 체 쳐 준비하고, 달걀은 기포가 생기지 않게 거품기로 풀어 준다.

02 버터는 녹을 정도로만 중탕한 후, 잘게 다진 레몬 껍질을 넣고 섞는다.

03 ❶에 ❷를 2-3회 나누어 섞은 후, ❶과 함께 섞어 반죽을 만든다.

04 반죽을 랩으로 감싼 후, 냉장고에서 2시간 동안 숙성시킨다.

05 마들렌 틀에 버터를 얇게 발라 준다.

06 캐슈넛과 초코볼 시리얼을 적당량 깔아 준다.

07 틀에 반죽을 2/3 정도 채운다.

08 180℃로 예열한 오븐에서 15분간 굽는다.

Part.6

체중감량 중인 다이어터를 위한
가벼운 한 끼, 다이어트바

체중감량에 도움을 주는 재료로 만든 다이어트바
레시피를 소개합니다. 풍부한 식이섬유를 함유해
적은 양으로도 포만감을 주는 호밀, 단호박, 파프리카와
체중감량 식품으로 각광받고 있는
오징어먹물, 카레, 녹차를 이용해 만든 다이어트바로
다가올 여름, 군살 없는 몸매를 미리 가꿔 보세요.

오징어먹물 다이어트바

소요시간	3시간
총 개수	16개
칼로리	210kcal(1개)
난이도	★★

반죽
→

310g	180g	44g	30g	10g
유기농 중(박)력분	버터	유기농 황설탕	우유	오징어 먹물

토핑
→

100g	100g
건자두	캐슈넛

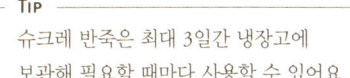
슈크레 반죽은 최대 3일간 냉장고에
보관해 필요할 때마다 사용할 수 있어요.

01 볼에 체 친 중(박)력분, 버터, 황설탕, 우유, 오징어 먹물을 준비한다.

02 반죽 상태가 되도록 치댄다.

03 반죽을 비닐에 넣고, 냉장고에서 2시간 이상 숙성시킨다.

04 숙성된 반죽은 밀대로 밀어 2cm 두께로 평평하게 만든다.

05 평평한 반죽 위에 캐슈넛과 건자두를 올리고, 밀대로 밀어 토핑 재료가 떨어지지 않게 한다.

06 180℃로 예열한 오븐에서 18분간 굽는다.

07 적당히 식으면 먹기 좋은 크기로 자른다.

카레 다이어트바

소요시간	3시간
총 개수	16개
칼로리	228kcal(1개)
난이도	★★

반죽
→

310g	180g	44g	40g	30g
유기농 중력분	버터	유기농 황설탕	우유	카레 분말

토핑
→

100g	100g
건살구	피칸

01 | 볼에 체 친 중력분, 버터, 황설탕, 우유, 카레 분말을 준비한다.

02 | 반죽 상태가 되도록 치댄다.

03 | 반죽을 비닐에 넣고, 냉장고에서 2시간 이상 숙성시킨다.

04 | 숙성된 반죽은 밀대로 밀어 2cm 두께로 평평하게 만든다.

05 | 평평한 반죽 위에 피칸과 건살구를 올리고, 밀대로 밀어 토핑 재료가 떨어지지 않게 한다.

06 | 180℃로 예열한 오븐에서 18분간 굽는다.

07 | 적당히 식으면 먹기 좋은 크기로 자른다.

호밀 다이어트바

소요시간	3시간
총 개수	16개
칼로리	229kcal(1개)
난이도	★★

반죽
→

250g	200g	70g	44g	40g
유기농 중력분	버터	호밀 가루	유기농 황설탕	우유

토핑
→

100g	100g
건무화과	호두

TIP

진한 호밀 맛을 원할 경우에는 호밀 가루의 양을
늘리고, 늘린 만큼 밀가루 양을 줄이세요.

01 볼에 체 친 중력분과 호밀 가루, 버터, 황설탕, 우유를 준비한다.

02 반죽 상태가 되도록 치댄다.

03 반죽을 비닐에 넣고, 냉장고에서 2시간 이상 숙성시킨다.

04 숙성된 반죽은 밀대로 밀어 2cm 두께로 평평하게 만든다.

05 평평한 반죽 위에 호두와 건무화과를 올리고, 밀대로 밀어 토핑 재료가 떨어지지 않게 한다.

06 180℃로 예열한 오븐에서 18분간 굽는다.

07 적당히 식으면 먹기 좋은 크기로 자른다.

녹차 다이어트바

소요시간	3시간
총 개수	16개
칼로리	171kcal(1개)
난이도	★★

반죽
→ 300g 유기농 중력분　180g 버터　40g 우유　40g 유기농 황설탕　8g 녹차 분말　8g 클로렐라 분말

토핑
→ 200g 삶은 콩류

TIP
진한 녹색을 내고 싶을 경우에는 클로렐라 분말을 더 섞거나, 단독으로 사용하세요.

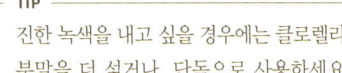

01 볼에 체 친 박력분, 버터, 황설탕, 우유, 녹차 분말을 준비한다.

02 반죽 상태가 되도록 치댄다.

03 반죽을 비닐에 넣고, 냉장고에서 2시간 이상 숙성시킨다.

04 숙성된 반죽은 밀대로 밀어 2cm 두께로 평평하게 만든다.

05 평평한 반죽 위에 삶은 콩류를 올리고, 밀대로 밀어 토핑 재료가 떨어지지 않게 한다.

06 180℃로 예열한 오븐에서 18분간 굽는다.

07 적당히 식으면 먹기 좋은 크기로 자른다.

단호박 다이어트바

소요시간	3시간
총 개수	16개
칼로리	246kcal(1개)
난이도	★★

반죽
→

350g 유기농 박력분   **180g** 버터   **100g** 삶은 단호박   **30g** 유기농 황설탕

토핑
→

100g 피칸   **100g** 해바라기 씨

01

TIP
수분이 많은 단호박은 반죽이
질어질 수 있으니 밀가루의 양을
늘려 반죽의 되기를 조절하세요.

02

04

05

07

01 볼에 체 친 박력분, 삶은 단호박, 버터, 황설탕을 준비한다.

02 반죽 상태가 되도록 치댄다.

03 반죽을 비닐에 넣고, 냉장고에서 2시간 이상 숙성시킨다.

04 숙성된 반죽은 밀대로 밀어 2cm 두계로 평평하게 만든 후, 해바라기 씨를 올리고 다시 밀어 준다.

05 평평한 반죽 위에 피칸을 올리고, 꾹 눌러 준다.

06 180℃로 예열한 오븐에서 18분간 굽는다.

07 적당히 식으면 먹기 좋은 크기로 자른다.

파프리카 다이어트바

소요시간	3시간
총 개수	16개
칼로리	204kcal(1개)
난이도	★★

반죽
→ **330g** 유기농 박력분 **180g** 버터 **60g** 파프리카 **40g** 유기농 황설탕

토핑
→ **100g** 크랜베리 **100g** 아몬드

01

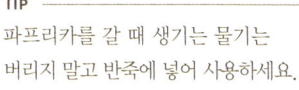

Tip

파프리카를 갈 때 생기는 물기는
버리지 말고 반죽에 넣어 사용하세요.

02

04

05

07

01 볼에 체 친 박력분, 버터, 황설탕, 믹서에 간 파프리카를 준비한다.

02 반죽 상태가 되도록 치댄다.

03 반죽을 비닐에 넣고, 냉장고에서 2시간 이상 숙성시킨다.

04 숙성된 반죽은 밀대로 밀어 2cm 두께로 평평하게 만든다.

05 평평한 반죽 위에 아몬드와 크랜베리를 올리고, 밀대로 밀어 토핑 재료가 떨어지지 않게 한다.

06 180℃로 예열한 오븐에서 18분간 굽는다.

07 적당히 식으면 먹기 좋은 크기로 자른다.

견과류와 다이어트

● 소비하는 칼로리보다 섭취하는 칼로리가 많으면 체중이 증가한다는 것은 누구나 알고 있는 사실이죠. 하지만 섭취하는 칼로리의 질이 체중의 증감에 영향을 주기도 하는데, 이 대표 식품 중 하나가 바로 견과류에요. 과거부터 견과류는 고지방 식품이기에 단순히 '살이 찌는 지방 덩어리'로 오해 받아 왔지만, 똑바로 알고 올바르게 섭취하면 오히려 체중조절에 긍정적인 영향을 미치는 식품이에요.

최근 미국 영양학회저널 〈Journal of the American College of Nutrition〉에서 13,000명을 대상으로 시행한 역학조사 결과, 견과류를 정기적으로 섭취한 그룹의 체질량지수(BMI, 체중^{kg}을 키의 제곱$^{m^2}$으로 나눈 값을 통해 지방의 양을 추정하는 비만 측정법, 비교적 정확하게 체지방의 정도를 반영할 수 있어 가장 많이 이용되는 비만 지표)와 허리둘레가 그렇지 않은 그룹보다 낮은 것으로 나타났어요.

스페인 바르셀로나대학교$^{Barcelona \ University}$에서는 '견과류를 섭취하면 체내 세로토닌^{serotonin} 분비가 촉진되어 체중 조절에 효과가 있다'는 연구 결과를 발표한 적이 있어요. 우울증 환자에게도 처방되는 '세로토닌'이라는 신경전달 물질은 우울한 기분을 예방하는 동시에, 복용자의 식욕을 떨어트려 체중을 감소시키는 효과가 있는 물질이에요. 즉, 견과류를 섭취하면 체내 세로토닌 분비가 촉진되어 식욕이 떨어지고, 이를 통해 식사량을 조절할 수 있어 복부비만 해소 및 체중조절에 용이하다는 것이죠.

미국 퍼듀대학교Purdue University에서는 '견과류는 포만감을 오래 유지하게 한다'는 연구결과를 발표했어요. 우리가 즐겨 먹는 대부분의 간식들은 대체로 30분 정도만 허기를 늦추는 반면, 견과류는 약 2시간 30분 이상 포만감을 유지하게 해 준다고 해요. 그 이유는 혈당지수(GI, 탄수화물이 포도당으로 전환되는 과정에서 혈당 농도를 상승시키는 정도를 나타낸 값으로, 혈당지수가 낮을수록 탄수화물 흡수 속도가 느리고 혈당수치가 낮다) 때문인데, 견과류는 혈당지수가 낮아 탄수화물 흡수 속도가 다른 식품에 비해 늦기 때문에 체중조절용 식품으로 적합하다는 결론이에요.

따라서 견과류와 다이어트의 상관관계에 대해 정리하면, 견과류에 포함되어 있는 지방의 5~15%는 체내에 흡수되지 않고 배출되며, 세로토닌 분비 촉진, 풍부한 식이섬유와 낮은 혈당지수로 포만감을 오래 유지시켜 주기 때문에 견과류는 과식과 잘못된 식습관 교정, 체중감소에 도움을 주는 식품이라고 할 수 있어요.

체중감량에 효과적인 다이어트 식품

●

오징어먹물

오징어먹물은 저지방, 저칼로리, 고단백 식품으로 다이어트 식품으로 안성맞춤이에요. 또한 리조팀^{lysoteam}이라는 방부 효과가 뛰어난 성분이 함유되어 있어 항바이러스 효과가 있고, 타우린^{taurine}성분이 함유되어 있어 피로 회복에도 좋은 식품이지요. 오징어먹물은 쉽게 상할 수 있기 때문에 밀폐용기에 담아 3일 이하로 냉장보관하는 것이 좋아요.

카레 가루

카레는 항암 작용, 간 기능 강화, 심혈관 질환 예방, 항산화 작용 및 두뇌발달에 도움을 주는 식품이지요. 카레 가루에 함유된 카테콜아민^{catecholamine} 성분은 지방대사를 촉진시켜 체중감량에 효과적이며, 커큐민^{curcumin} 성분은 간을 보호해 주고 해독 작용을 촉진시켜 간 기능을 강화하는데 뛰어나요. 또한 혈관 내 혈전의 생성을 막고, 혈액순환을 촉진시키는 기능이 있어 심혈관계 질환 예방에 좋고, 활성산소에 의해 뇌세포가 파괴되는 것을 막아 주는 역할을 해 두뇌발달에도 도움이 되지요.

호밀 가루

호밀은 식이섬유소가 다량 함유되어 있어 변비 예방에 좋고, 적은 양으로도 포만감을 주는 식품이에요. 또한 호밀에는 양질의 탄수화물과 단백질, 칼륨, 비타민B가 함유되어 있어 건강에도 좋아요.

녹차 가루

녹차의 카테킨^{catechin} 성분은 항산화 작용을 하는 폴리페놀^{polyphenol}의 한 종류로, 녹차 한 잔에 약 100mg 정도가 함유되어 있으며, 그중 가장 강력한 항산화 성분인 에피갈로카테킨갈레이트^{epigallocatechingallate}는 비타민C보다 항산화 효능이 약 20배 높아 노화방지에 탁월해요. 또한 카테킨 성분은 혈압을 낮춰 주고, 소화기관 내에서 콜레스테롤의 흡수를 저해하는 역할을 해 지방의 체내 축적을 막아 주는 효과가 있어 다이어트와 혈관건강에도 좋아요.

단호박

단호박은 식이섬유인 펙틴^{pectin}이 함유되어 변비 예방에 좋고, 지방의 체내 흡수를 막아 주는 성질이 있어요. 또한 단호박에 함유되어 있는 베타카로틴^{β-carotene}은 체내에서 비타민A로 전환되어 눈 건강에 도움을 주며 철분, 인 등의 무기질은 위 점막을 튼튼하게 하고 몸을 따뜻하게 하는 효능도 있어요.

파프리카

파프리카는 칼로리가 낮고 식이섬유가 풍부할 뿐 아니라 비타민A, 비타민C가 다른 채소에 비해 월등하게 함유되어 있지요. 파프리카 100g에 함유된 비타민C의 함량은 375mg으로 피망의 2배, 딸기의 4배 이상이기 때문에 멜라닌 색소의 생성을 막아 주어 기미, 주근깨를 예방하는 데 효과가 있어요.

Part.7

피로가 쌓인 아빠를 위한

건강 간식, 미니스콘

집에 있는 처치 곤란한 각종 즙을 이용해 만드는
미니스콘 레시피를 소개합니다. 쓰고 강한 즙의 맛은 사라지고,
맡기만 해도 건강해지는 구수한 향이 일품인 미니스콘!
피로가 쌓인 아빠와 영양보충이 필요한 수험생에게 양보하세요.

포도즙 미니스콘

·

흑마늘즙 미니스콘

·

홍삼즙 미니스콘

포도즙 미니스콘

소요시간	1시간 50분
총 개수	38개
칼로리	275kcal(3개)
난이도	★★

반죽
→

400g	130g	115g	100g or 50g	85g	65g	13g	4g
유기농 중력분	버터	유기농 황설탕	생크림 or 우유	달걀	포도즙	베이킹파우더	소금

토핑
→

200g
반건조 과일
(기호에 따라 건자두, 건살구, 크랜베리, 무화과 등을 선택)

01 볼에 체 친 중력분과 모든 반죽 재료들을 준비한다.

02 반죽 재료를 모두 넣고 반죽한다.

03 토핑 재료를 넣고 다시 반죽한다.

04 반죽을 랩이나 비닐에 싼 후, 냉장고에서 1시간 이상(길게는 2일) 숙성시킨다.

05 반죽을 2cm 두께로 밀어 편다.

06 모양 틀에 밀가루를 묻힌 후 찍어 낸다.

07 170℃로 예열한 오븐에서 20-25분간 굽는다.

흑마늘즙 미니스콘

소요시간	1시간 50분
총 개수	38개
칼로리	275kcal(3개)
난이도	★★

반죽
→

400g	130g	115g	100g or 50g	85g	65g	13g	4g
유기농 중력분	버터	유기농 황설탕	생크림 or 우유	달걀	흑마늘즙	베이킹파우더	소금

토핑
→

200g
반건조 과일
(기호에 따라 건자두, 건살구, 크랜베리, 무화과 등을 선택)

104

01 볼에 체 친 중력분과 모든 반죽 재료들을 준비한다.

02 반죽 재료를 모두 넣고 반죽한다.

03 토핑 재료를 넣고 다시 반죽한다.

04 반죽을 랩이나 비닐에 싼 후, 냉장고에서 1시간 이상(길게는 2일) 숙성시킨다.

05 반죽을 2cm 두께로 밀어 편다.

06 먹기 좋게 한 입 크기로 자른다.

07 170℃로 예열한 오븐에서 20-25분간 굽는다.

홍삼즙 미니스콘

소요시간	1시간 50분
총 개수	38개
칼로리	277kcal(3개)
난이도	★★

반죽
→

400g	130g	115g	100g or 50g	85g	65g	13g	4g
유기농 중력분	버터	유기농 황설탕	생크림 or 우유	달걀	홍삼즙	베이킹파우더	소금

토핑
→

200g
반건조 과일

(기호에 따라 건자두, 건살구, 크랜베리, 무화과 등을 선택)

106

01 볼에 체 친 중력분과 모든 반죽 재료들을 준비한다.

02 반죽 재료를 모두 넣고 반죽한다.

03 토핑 재료를 넣고 다시 반죽한다.

04 반죽을 랩이나 비닐에 싼 후, 냉장고에서 1시간 이상(길게는 2일) 숙성시킨다.

05 반죽을 2cm 두께로 밀어 편다.

06 먹기 좋게 한 입 크기로 자른다.

07 170℃로 예열한 오븐에서 20-25분간 굽는다.

맛까지 생각한
웰빙푸드
건강즙

• **홍삼즙**

홍삼은 인삼을 원재료로 사용하여 말리지 않은 수삼을 증기 또는 기타의 방법으로 쪄서 말린 것으로, 이 과정에서 수삼이나 백삼에는 없는 우리 몸에 좋은 여러 가지 새로운 생리활성 성분들이 생성되기도 해요. 홍삼은 인삼 종류 중 가장 많은 종류의 사포닌saponin을 함유하고 있는데, 이 사포닌 성분은 혈당이 떨어지는 것을 예방하는 효능이 있어 당뇨병 환자들에게 좋은 식품으로 잘 알려져 있어요. 홍삼에는 철분과 각종 비타민도 풍부해 꾸준히 섭취하면 빈혈을 개선하는 효과도 있어요. 이 밖에도 홍삼은 면역 기능 증진, 항암 작용, 심장 강화 및 혈압 조절 작용, 위장 기능 강화, 뇌 기능 강화, 면역 기능 증진 등에 효과가 있는 식품이에요. 홍삼은 인삼의 열성을 약화시킨 식품이지만, 홍삼도 인삼이므로 평소 몸에 열이 많거나 혈압이 지나치게 높은 사람은 삼가는 것이 좋아요.

포도즙

포도에는 포도당, 과당과 같은 당분과 각종 비타민이 많이 함유되어 있어 피로회복에 좋은 식품이에요. 특히 칼슘의 흡수를 도와주는 비타민C·D가 풍부하게 들어 있을 뿐 아니라 뼈를 약화시키는 나트륨의 흡수를 줄여 주는 효능도 있어 갱년기 여성의 골다공증 예방에도 좋아요. 포도의 식물성 색소인 플라보노이드flavonoid 성분은 혈전 생성을 억제해 주어 동맥경화와 심장병을 예방하는 데 도움이 되고, 철분이 풍부하게 함유되어 있어 빈혈 예방과 피를 맑게 하는 데 효과적이며, 레스베라트롤resveratrol 성분은 암세포 발생을 차단해 주는 역할을 해 암 예방에도 효과적인 식품이에요.

흑마늘즙

흑마늘은 생마늘을 껍질째 고온·다습한 상태로 일정기간 발효, 숙성시킨 것이에요. 미국 시사 주간지 〈타임TIME〉이 선정한 '10대 장수식품' 중 하나인 마늘은 생으로 섭취해야 마늘에 함유된 효소가 파괴되지 않아 몸에 좋지만, 특유의 냄새 때문에 생으로 먹기 쉽지 않아요. 그래서 비교적 냄새가 적은 흑마늘을 생으로, 혹은 진액으로 섭취하면 좋지요. 마늘의 대표적인 성분으로는 독특한 냄새를 내는 알리신allicin과 셀레늄selenium을 들 수 있어요. 알리신은 살균, 항균 작용이 탁월해 각종 질병을 예방하는데 뛰어난 효과가 있고, 셀레늄은 항산화 작용으로 신체 조직의 노화와 변성을 막아 주는 역할을 해요. 또한 마늘은 혈액 속의 지방 함량을 낮춰 주고, 혈소판의 엉킴을 감소시키는 효과가 있기 때문에 장기적으로 섭취하면 심혈관계 질환을 예방할 수 있어요. 하지만 이러한 효과 때문에 출혈 시 피가 응고되지 않을 수 있어 수술을 앞둔 환자의 경우, 마늘을 장기간 복용하는 것은 주의해야 해요.

Part.8

견과류 마니아를 위한

닥터넛츠 1온스 건강바

건강을 위해 필요한 견과류 1온스(약 28g)를 맛있게
섭취하는 레시피를 소개합니다. 하루 한 번, 건강한 간식으로
우리 몸에 꼭 필요한 양질의 단백질, 불포화지방, 비타민E,
식이섬유를 닥터넛츠 1온스 건강바로 보충해 주세요.

닥터넛츠 녹차 건강바

·

닥터넛츠 생강 건강바

·

닥터넛츠 매실 건강바

닥터넛츠 녹차 건강바

소요시간	20분
총 개수	6개
칼로리	185kcal(1개)
난이도	★

재료
→

6봉지 or 168g	50g	30g	30g	3g	2g
닥터넛츠 or 각종 견과류	꿀	유기농 황설탕	물	녹차 분말	클로렐라 분말

TIP
단단한 식감의 바를 원할 경우에는
꿀을 졸이는 시간을 늘리세요.

TIP
좀 더 진하고 또렷한 색을
원할 경우에는 클로렐라 분말을
단독으로 사용하세요.

01 따뜻한 물 30g에 녹차 분말을 녹여 준다.

02 두꺼운 팬에 꿀과 황설탕, 물에 녹인 녹차와 클로렐라 분말을 넣고 중간 불로 약 4분간 저어가며 졸여 준다.

03 약한 불로 줄인 후, 닥터넛츠 6봉지(견과류 168g)를 넣고 골고루 섞어 준다.

04 실리콘 페이퍼나 두꺼운 비닐 위에 2cm 정도의 두께로 넓게 펴 준다.

05 완전히 식기 전에 손으로 꾹 눌러 모양을 잡아 준다.

06 적당히 굳으면 칼을 이용해 원하는 크기나 모양으로 자른다.

닥터넛츠 생강 건강바

소요시간	20분
총 개수	6개
칼로리	213kcal(1개)
난이도	★

재료

→

6봉지 or 168g
닥터넛츠
or 각종 견과류

70g
꿀생강차

30g
유기농 황설탕

20g
물

114

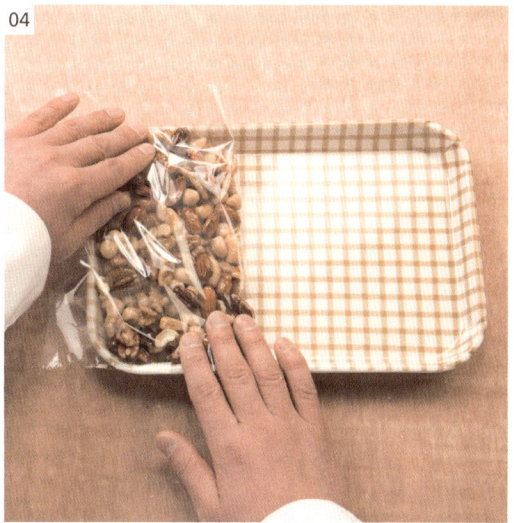

01 　두꺼운 팬에 황설탕, 꿀생강차, 물을 넣고 중간 불로 약 4분간 저어가며 졸여 준다.

02 　약한 불로 줄인 후, 닥터넛츠 6봉지(견과류 168g)를 넣고 골고루 섞어 준다.

03 　실리콘 페이퍼나 두꺼운 비닐 위에 2cm 정도의 두께로 넓게 펴 준다.

04 　완전히 식기 전에 손으로 꾹 눌러 모양을 잡아 준다.

05 　적당히 굳으면 칼을 이용해 원하는 크기나 모양으로 자른다.

닥터넛츠 매실 건강바

소요시간	20분
총 개수	6개
칼로리	210kcal(1개)
난이도	★

재료
→

6봉지 or 168g	70g	30g	20g	5g
닥터넛츠 or 각종 견과류	꿀매실차	유기농 황설탕	물	녹차 분말

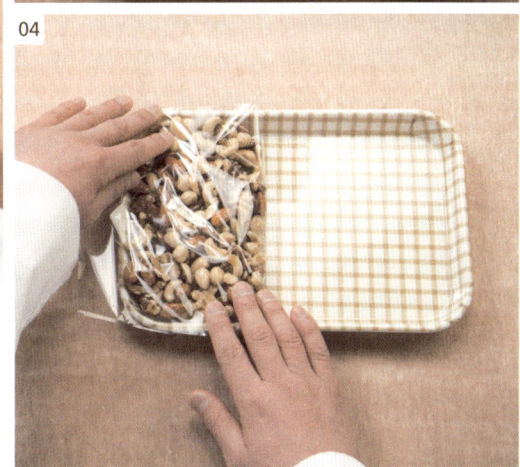

01 두꺼운 팬에 황설탕, 꿀매실차, 물을 넣고 중간 불로 약 4분간 저어 가며 졸여 준다.

02 약한 불로 줄인 후, 닥터넛츠 6봉지(견과류 168g)를 넣고 골고루 섞어 준다.

03 실리콘 페이퍼나 두꺼운 비닐 위에 2cm 정도의 두께로 넓게 펴 준다.

04 완전히 식기 전에 손으로 꾹 눌러 모양을 잡아 준다.

05 적당히 굳으면 칼을 이용해 원하는 크기나 모양으로 자른다.

견과류와 당뇨병

•

당뇨병 환자의 경우, 섭취하는 음식물마다 당류의 함량을 체크해 혈당수치를 관리해야 하기 때문에 그에 맞는 간식을 고르기가 쉽지 않지요. 하지만 견과류는 저당류 식품으로 적정량 섭취 시 당뇨병 환자들의 간식으로 매우 알맞은 식품이에요. 최근 견과류가 당뇨병 예방과 치료에 긍정적인 영향을 미친다는 연구결과가 발표되었어요.

미국의 하버드대학 〈Nurse Health Study〉에서는 34~59세에 해당되는 83,000명의 여성 간호사를 대상으로 제 2형 당뇨병과 견과류의 상관관계에 대해 연구한 결과 주 5회 이상, 1온스(약 28g)의 견과류를 섭취한 그룹이 견과류를 전혀 먹지 않거나 1온스 미만으로 섭취한 그룹에 비해 당뇨병 발병 확률이 약 27% 낮은 것으로 나타났어요.

| 견과류와 암 | ● | 영국 영양학 저널 〈British Journal of Nutrition〉에서는 견과류가 항암 작용에 뛰어난 역할을 하는 식품이라는 연구결과를 발표했어요. 이는 견과류에 함유되어 있는 성분들 때문인데, 견과류에 풍부하게 함유되어 있는 비타민E와 셀레늄selenium의 뛰어난 항산화 작용, 플라보노이드flavonoids와 폴리페놀polyphenol의 체내 세포 분화와 증식 조절 작용 및 발암물질 생성 억제 작용, 엽산에 의한 DNA의 손상 감소와 돌연변이 생성 억제 작용 및 염증반응과 면역반응의 조절 작용, 풍부한 섬유질에 의한 대장암 유발 억제 작용 때문이지요. |

이 외에도 견과류는 결장암, 위암, 전립선암, 자궁내막암의 위험을 감소시킨다는 연구결과가 발표되어 암 예방에 효과가 있는 것으로 알려져 있어요.

Part.9

남녀노소 누구나 좋아하는
담백, 고소, 바삭한 튀일

담백하면서도 고소하고, 고소하면서도 바삭한,
남녀노소 누구나 좋아하는 튀일 레시피를 소개합니다.
취향에 따라 원하는 토핑으로 여러 가지 맛을 낼 수 있는
튀일을 고마운 사람에게 선물해 보세요.

아몬드 튀일
•
깨 튀일
•
코코넛롱 튀일
•
메밀 튀일

아몬드 튀일

소요시간	30분
총 개수	70개
칼로리	231kcal(6개)
난이도	★

반죽
→

144g 유기농 박력분 112g 버터 112g 유기농 백설탕 112g 달걀 흰자

토핑
→

150g 슬라이스 아몬드

122

01 버터와 체 친 박력분, 달걀 흰자, 설탕을 준비한다.

02 볼에 버터와 설탕을 넣고 설탕 입자가 적당히 녹을 정도로 휘핑한 다음, 달걀 흰자와 밀가루를 넣고 섞는다.

03 베이킹 철판에 튀일용 모양틀을 놓고 반죽을 부은 후, 약 3mm 두께로 얇게 펴 바른다.

04 모양틀을 제거한다.

05 슬라이스 아몬드를 골고루 뿌려 준다.

06 철판을 좌우로 흔들어 슬라이스 아몬드가 모두 반죽에 붙게 한다.

07 170℃로 예열한 오븐에서 7분간 굽는다.

깨 튀일

소요시간	30분
총 개수	70개
칼로리	227kcal(6개)
난이도	★

반죽
→

144g
유기농 박력분

112g
버터

112g
유기농 백설탕

112g
달걀 흰자

토핑
→

150g
깨

01 버터와 체 친 박력분, 달걀 흰자, 설탕을 준비한다.

02 볼에 버터와 설탕을 넣고 설탕 입자가 적당히 녹을 정도로 휘핑한 다음, 달걀 흰자와 밀가루를 넣고 섞는다.

03 베이킹 철판에 튀일용 모양틀을 놓고 반죽을 부은 후, 약 3mm 두께로 얇게 펴 바른다.

04 모양틀을 제거한다.

05 깨를 골고루 뿌려 준다.

06 철판을 좌우로 흔들어 깨가 모두 반죽에 붙게 한다.

07 170℃로 예열한 오븐에서 7분간 굽는다.

코코넛롱 튀일

소요시간	30분
총 개수	70개
칼로리	231kcal(6개)
난이도	★

반죽
→ **144g** 유기농 박력분　**112g** 버터　**112g** 유기농 백설탕　**112g** 달걀 흰자

토핑
→ **150g** 코코넛롱

01 버터와 체 친 박력분, 달걀 흰자, 설탕을 준비한다.

02 볼에 버터와 설탕을 넣고 설탕 입자가 적당히 녹을 정도로 휘핑한 다음. 달걀 흰자와 밀가루를 넣고 섞는다.

03 베이킹 철판에 튀일용 모양틀을 놓고 반죽을 부은 후, 약 3mm 두께로 얇게 펴 바른다.

04 모양틀을 제거한다.

05 코코넛롱을 골고루 뿌려 준다.

06 철판을 좌우로 흔들어 코코넛롱이 모두 반죽에 붙게 한다.

07 170℃로 예열한 오븐에서 7분간 굽는다.

메밀 튀일

소요시간	30분
총 개수	70개
칼로리	283kcal(6개)
난이도	★

반죽
→ **144g** 유기농 박력분   **112g** 버터   **112g** 유기농 설탕   **112g** 달걀 흰자

토핑
→ **150g** 볶은 메밀

01 버터와 체 친 박력분, 달걀 흰자, 설탕을 준비한다.

02 볼에 버터와 설탕을 넣고 설탕 입자가 적당히 녹을 정도로 휘핑한 다음, 달걀 흰자와 밀가루를 넣고 섞는다.

03 베이킹 철판에 튀일용 모양틀을 놓고 반죽을 부은 후, 약 3mm 두께로 얇게 펴 바른다.

04 모양틀을 제거한다.

05 볶은 메밀을 골고루 뿌려 준다.

06 철판을 좌우로 흔들어 볶은 메밀이 모두 반죽에 붙게 한다.

07 170℃로 예열한 오븐에서 7분간 굽는다.

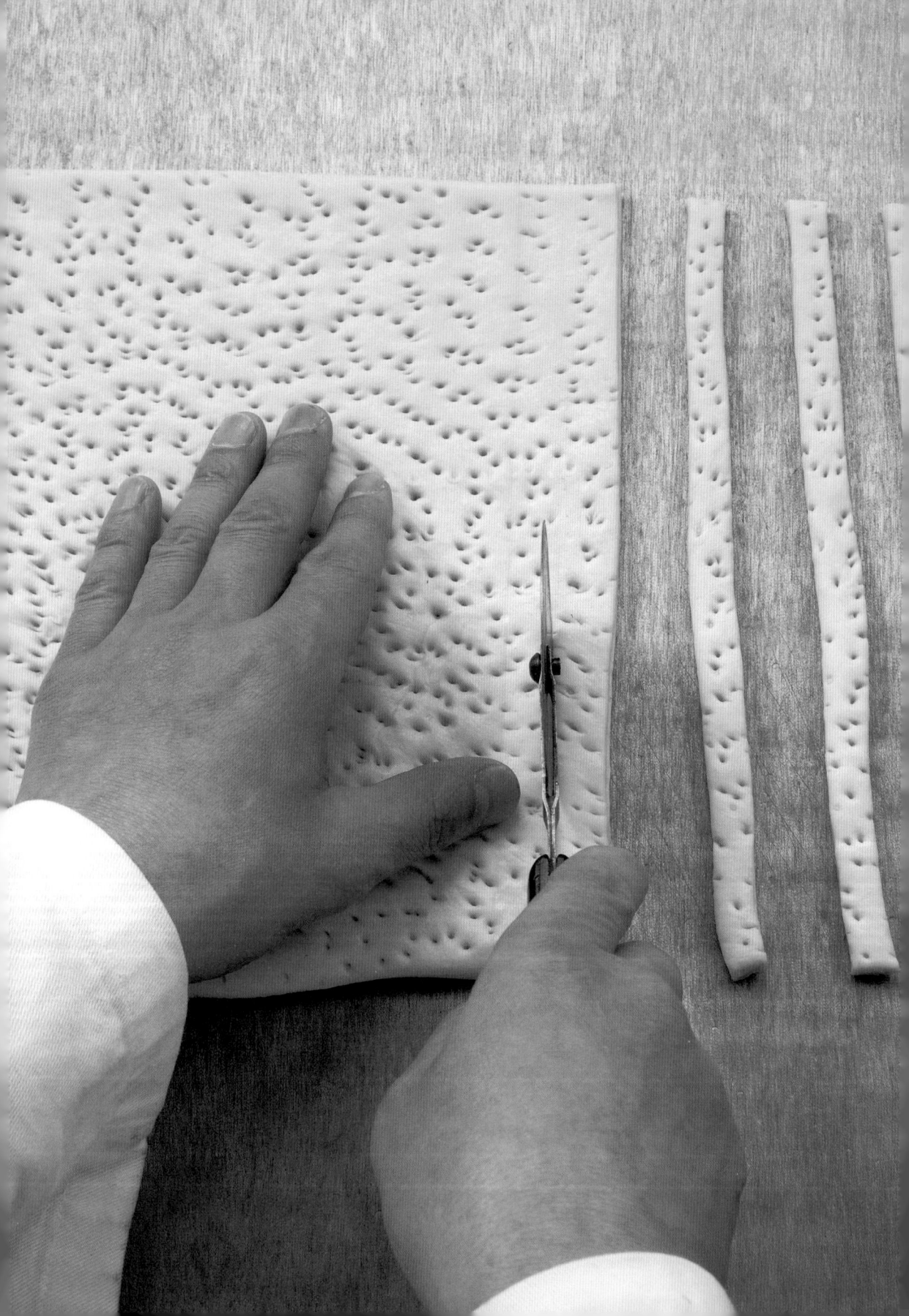

•

부록

특별한 날, 특별한 사람을 위한
막대과자와 연양갱 레시피를 소개합니다.
쓰고 남은 견과류를 이용해
나만의 레시피로 응용해 보세요.

막대과자
•
연양갱

막대과자

재료 →	250g 유기농 강력분	250g 유기농 박력분	220g 물	175g 버터	30g 유기농 황설탕	20g 생 이스트	10g 물엿	10g 베이킹파우더	5g 소금

볼에 체 친 강력분. 박력분. 나머지 재료들을 준비한다.

02 전 재료를 볼에 넣고 치대면서 반죽한다.

03 반죽을 비닐에 싸고 냉장고에서 40분 정도 숙성시킨다.

04 반죽을 작업대 위에 올려 놓고 0.5cm 두께로 민다.

05 포크나 뾰족한 도구로 반죽에 구멍을 낸다.

06 원하는 모양으로 성형한 후, 비닐을 덮고 실온에서 40분간 숙성시킨다.

07 170℃로 예열한 오븐에서 12분간 굽는다.

08 초콜릿이나 각종 너트류 및 크런치 등으로 기호에 맞게 장식한다.

연양갱

재료 →	1000g 물	500g 삶은 통팥	300g 유기농 백설탕	150g 삶은 밤	50g 꿀	30g 한천

How to

팥 삶기

01- 팥을 미지근한 물에 12시간 불린다.

02- 냄비에 넣고 40-50분 정도 끓인 후 물을 버리고 다시 찬 물을 넣고 끓인다.

03- 설탕, 꿀, 소금을 넣고 1시간 정도 저어 주며 끓인다.

01 삶은 통팥, 찬물에 12시간 불린 한천, 삶은 밤을 준비해 둔다.

02 냄비에 물, 설탕, 한천, 꿀을 넣고 20-25분간 끓여 걸쭉하게 만든다.

03 삶은 팥을 넣고 25분 정도 잘 저어 주면서 끓인다.

04 삶은 밤을 넣고 약 5분간 더 끓여 준다.

05 양갱을 굳히기에 알맞은 틀이나 용기에 비닐을 깔아 양갱이 굳은 후 잘 떨어질 수 있게 한다.

06 틀에 양갱을 붓고 3-4시간 동안 서늘한 곳에서 굳혀 준다.

07 틀을 제거하고 원하는 모양으로 자른다.

견과류의 올바른 저장법

견과류는 산소, 습기, 직사광선, 열에 쉽게 상하는 성질이 있기 때문에 저장과 보관에 각별히 신경을 써야 하는 식품이에요. 진공포장되어 유통되는 견과류는 문제가 되지 않지만, 포장되지 않은 채 수북이 쌓아 놓고 판매되는 견과류는 상했는지 의심해 보아야 해요. 견과류가 잘 상하는 이유는 바로 불포화지방산의 높은 함량 때문이에요. 불포화지방산은 우리 몸에 꼭 필요한 성분이지만 산화되면 인체에 좋지 않은 성분으로 바뀌는 동시에 맛과 향도 좋지 않게 변질되기 때문에 견과류를 올바르게 저장하는 것이 중요해요. 견과류는 온도가 24~35℃, 수분이 7% 이상일 때 곰팡이에 오염될 확률이 커요. 이 때, 간암을 일으킬 수 있는 아플라톡신[aflatoxin]이라는 독소가 생성될 수 있는데, 이 독소는 한 번 발생하면 높은 온도로 가열해도 없어지지 않기 때문에 주의해야 돼요.

산패와 독소의 위험에 대비하기 위해서는 견과류를 제대로 밀봉해 냉장보관하는 것이 좋아요. 가장 좋은 방법은 소량씩 나누어 진공 또는 질소포장된 제품을 냉장보관하는 것이지만 진공 또는 질소포장을 하기 어려운 경우, 신선한 견과류를 소량씩 자주 구입해 냉장보관하고 빠른 시일 내로 섭취하는 것이 좋아요.

견과류와 함께 섭취하면 좋은 식품

견과류는 비타민E, 불포화지방산, 단백질 등 우리 몸에 꼭 필요한 다양한 영양소를 함유하고 있지만, 부족한 영양소도 있지요. 바로 비타민A와 비타민C인데, 견과류를 비타민A와 비타민C가 풍부한 채소류, 과일류와 함께 섭취하면 부족한 영양소를 보충해 영양학적으로도 완벽한 식단이 될 수 있죠. 특히 비타민C의 경우에는 비타민E의 체내 흡수를 촉진시키는 역할을 하기 때문에 비타민E가 풍부한 견과류와 함께 섭취하면 찰떡궁합이에요.

알아 두면 좋은
Q & A

**영양바가 너무
단단하게 굳었어요**

꿀이나 설탕으로 형태를 만들어 굳힌 영양바(본 책의 Part 1, Part 4, Part 8)는 시간이 지나 딱딱하게 굳어 깔끔한 모양으로 자르기 힘들 수 있어요. 그래서 완전히 식기 전에 자르거나, 처음부터 바bar 형태의 모양을 잡아 굳히면 편해요. 만약 시간을 놓쳐 영양바가 딱딱하게 굳어 버렸다면, 따듯하게 예열된 오븐에 1~2분 정도만 넣고 영양바가 미지근해지면 다시 꺼내어 자르세요. 자르기도 편하고 먹기도 편하답니다.

처음부터 좀 더 부드러운 영양바 만들기를 원할 경우에는, 꿀을 끓이는 시간을 짧게 하세요(꿀이 끓기 시작하면 바로 다음 단계로 진행하세요). 반대로 좀 더 딱딱한 영양바 만들기를 원할 경우에는, 꿀을 끓이는 시간을 늘리세요 (꿀이 원하는 농도로 걸쭉해질 때까지 끓이고 다음 단계로 진행하세요).

**버터가 너무 딱딱해서
반죽에 섞이지 않아요**

버터는 요리에 사용하기 1~2시간 전, 냉장고에서 꺼내 실온에 두어 부드럽게 해 사용하는 것이 가장 좋아요. 하지만 딱딱한 버터를 녹일 시간이 충분하지 않다면, 버터를 여러 조각으로 잘라 전자레인지에 10초씩 여러 번 돌려 나무주걱으로 이기면서 녹여 주세요. 버터를 덩어리째 전자레인지에 오래 돌리면 버터가 가진 크림성(부드럽게 하는 성질)을 잃어 버릴 수 있으니 주의하세요.

**밀가루는 꼭 체 쳐
사용해야 하나요?**

밀가루를 체 치지 않고 그대로 반죽에 넣어 사용하면, 보관 중 습기를 흡수해 뭉친 밀가루가 구웠을 때 알갱이로 씹힐 수 있어요. 미리 체 친 밀가루도 용기에 담고 다시 꺼내 쓰는 과정에서 덩어리로 뭉칠 수 있기 때문에 밀가루는 반죽하기 바로 전에 체 치는 것이 좋아요.

**황설탕, 흑설탕이
백설탕보다 몸에 좋나요?**

—— A

대부분의 사람들은 백설탕이 황설탕, 흑설탕보다 몸에 좋지 않은 것으로 알고 있는데, 이는 잘못된 사실이에요. 백설탕은 오히려 설탕의 제조 공정에서 가장 먼저 만들어지는 순도 99.9% 이상의 순수한 제품으로, 색이 하얀 이유는 표백제를 사용해서가 아니라 설탕의 순수한 성분인 수크로오스^{sucrose}가 하얀색이기 때문이에요. 이 백설탕에 열을 가한 것이 황설탕, 황설탕에 캐러멜 시럽이나 당밀 성분을 더한 것이 흑설탕이에요. 하지만 시중에 판매되는 백설탕은 화학적으로 정제된 것이기 때문에 원당보다 당도가 높고, 물에도 쉽게 녹고, 보관 기간도 길지만, 가공과정에서 미네랄 성분을 잃고 칼로리만 남게 되지요. 따라서 시중에 판매되는 백설탕과 황설탕은 영양학적으로 거의 차이가 없기 때문에 요리의 종류에 따라 다르게 사용하는 것이 좋아요. 황설탕은 식감을 살리는 갈색 빛을 내기 때문에 베이킹에 사용하는 것이 좋고, 특유의 풍미가 있기 때문에 커피나 홍차 등 본래의 향을 살려야 하는 음식에는 사용하지 않는 것이 좋아요. 흑설탕은 당밀의 함량이 가장 높아 사탕수수의 풍미가 살아 있어 약식, 수정과를 만들 때 사용하면 좋아요.

—— Q

**유기농 설탕은 일반
설탕과 무엇이 다른가요?**

—— A

시중에 판매되는 일반 설탕(백설탕, 황설탕, 흑설탕)은 화학적 정제 과정을 거치기 때문에 가공 과정에서 미네랄 성분을 잃게 되요. 하지만 유기농 설탕은 유기농법으로 재배한 사탕무나 사탕수수를 화학적 정제 과정을 거치지 않고 만들어진 것이기 때문에 섬유질과 비타민, 미네랄이 보존되어 있고, 당밀을 제거하지 않아 색이 누렇고 단맛이 적은 것이 특징이에요.

— Q
**반드시 예열한 오븐에
반죽을 넣어야 하나요?**

— A

알맞은 온도로 예열된 오븐에 반죽을 넣는 것은 요리의 완성도를 높이기 위한 필수 과정이에요. 예열되지 않은 오븐에 반죽을 넣으면 반죽이 제대로 부풀어 오르지 못해 최상의 맛을 낼 수 없기 때문이에요. 예열하는 가장 좋은 방법은 반죽을 넣기 약 10분 전에 굽는 온도보다 10℃ 높은 온도로 설정해 두고, 반죽을 넣은 후 다시 10℃ 낮춰 굽는 것이에요. 이는 반죽을 넣는 과정에서 오븐 내부의 온도가 낮아질 수 있기 때문이에요.

— Q
**완성된 영양바에
초콜릿을 입히고 싶어요**

— A

'가나슈 만들기'(37page)를 참고하세요. 제과에 코팅용 초콜릿을 입힐 경우 빨리 굳고 손에서 잘 녹지 않는 장점이 있지만, 가나슈(초콜릿에 생크림 등을 섞어 만든 것)에 비해 맛이 떨어지는 단점이 있어요. 그래서 취향에 따라 코팅용 초콜릿에 약간의 생크림, 럼주를 섞으면 맛이 좋아지는데 너무 많은 양의 생크림, 럼주를 섞으면 잘 굳지 않아 코팅용으로 적합하지 않으니 농도를 잘 조절하는 것이 중요해요.

초콜릿을 입힌 표면을 좀 더 윤기 나고 매끄럽게 보이게 하려면 충분한 템퍼링(온도를 높여 초콜릿을 녹여 식힌 후 다시 온도를 높이며 충분히 섞어 주는 작업)을 거치는 것이 좋아요. 템퍼링을 하는 이유는 초콜릿의 카카오 버터 성분 때문인데, 카카오 버터는 서로 다른 성질을 가진 분자로 이루어져 있어서 안정된 상태로 만들어 주는 템퍼링 과정을 거쳐야만 함께 들어가는 생크림, 럼주 등이 골고루 섞여 윤기가 나고 맛도 더 좋아지기 때문이에요.

139

마음으로, 생각으로, 꿈을 꾸고 사는 사람을 만났습니다.
얼굴에 항상 웃음이 떠나지 않는 그가
빵이 담긴 조그만 상자를 포장하며 즐거워하던 모습을
잊을 수 없습니다.

그 빵을 가지고 어디에 가냐고 물었을 때,
주위에 홀로 사시는 어른들께 나누어 드리러 간다고 말하며
하얗게 웃던 김경오 기능장.

참 미소처럼 따스한 사람이었습니다.

밝고 친절하게, 즐거운 철학을 가지고 살아가는
그와의 만남이 너무나 행복했습니다.

아름다운 빵을 만드는 그가, 아름다운 삶을 살아가는
그곳에 머무르고 싶습니다.

입으로, 손으로 만드는 빵이 아니라 눈으로, 생각으로
꿈 같은 빵을 만드는 그가 참 좋습니다.

그의 빵을 맛보게 되면 빵의 향기와
더불어 얻는 것이 있습니다.
바로 '행복'이란 이 두 글자를 얻게 될 것입니다.

- 영화배우 김영호

먹는 것만큼 간단하고
쉬운 것이 없었습니다.
배불리 먹을 수만 있으면
만족했던 시절이 있었습니다.
하지만, 식품과 과학이
만나기 시작하면서
식품에 대한 정보들은
무분별하게 쏟아져 나왔고,
소비자들은 더욱 더
혼란스러워졌습니다.

Dr. Nuts

── Be My Doctor ──

소비자들이 건강한 식품을 똑바로 알고, 가치 있게 먹을 수 있도록 하는,
'스마트 웰빙Smart Wellbeing'을 실천하기 위해

서울대학교 식품생명공학부 출신들이 뭉쳐
'닥터넛츠 Dr.Nuts'라는 브랜드를 만들었습니다

최근 미국 시사 주간지 〈타임TIME〉이 선정한 '10대 슈퍼푸드'인 아몬드의 영
양학적 효능에 대한 국내외 연구결과들이 발표되고, 견과류에 대한 관심이
높아지면서 소비 또한 급격히 늘었습니다.

하지만 잘못된 방식으로 가공, 보관, 판매되는 견과류와 그것을 제대로 분별
하지 못하는 소비자들에게 '가치 있는 식품을 가치 있게 먹을 수 있도록' 하
고 싶었습니다.

닥터넛츠Dr.Nuts는 견과류 1일 적정섭취량(1온스, 약 28g)의 개념을 국내에 도
입하고 '1온스 견과 캠페인'과 입증된 연구결과들을 바탕으로 작성된 '견과저
널'을 보급해 오고 있습니다. 닥터넛츠는 단순한 상업적 판매에서 벗어나 올
바른 견과류 섭취 문화를 형성하기 위해 노력하는 건강한 브랜드입니다.

INDEX
칼로리별 레시피 찾기

홈메이드 영양바 레시피 42

초판 1쇄 발행   2013년 3월 29일
초판 2쇄 발행   2013년 4월 15일

지은이   김경오
자문/정보제공   닥터넛츠Dr.Nuts
펴낸이   이준경
총편집인   홍윤표
편집장   이찬희
기획/책임편집   박윤선
편집   유인경, 김미래, 이지영
사진   Studio B612 김남헌
푸드스타일링   vida Studio 이은정
요리어시스트   최나희
표지/내지디자인   김인엽
디자인   나은민, 송소영
마케팅   오정옥
펴낸곳   ㈜영진미디어
출판등록   2011년 1월 7일 제141-81-22416호

주소   경기도 파주시 문발동 파주출판도시 504-3 ㈜영진미디어
전화   031-955-4955
팩시밀리   031-955-4959
홈페이지   www.yjbooks.com
이메일   book@yjmedia.net
종이   ㈜월드페이퍼
인쇄   ㈜현문자현

ISBN   978-89-98656-02-7 13590
값   12,000원